智博人工智能技术丛书

机器学习与深度学习

（基于Python实现）

【日】小高知宏◎著

黄毅燕　汪敬东◎译

中国水利水电出版社

www.waterpub.com.cn

·北京·

内 容 提 要

本书用 Python 对人工智能机器学习中的相关知识进行了算法实现，并以这些知识为背景解释了什么是深度学习。具体内容包括初识机器学习、机器学习基础、强化学习、群智能与优化方法、神经网络和深度学习。因为没有使用 TensorFlow、PyTorch 等程序库，仅使用 Python 直接实现机器学习与深度学习的相关算法，可以让读者更好地理解和掌握机器学习与深度学习的工作原理和技术本质。

本书是一本使用 Python 进行机器学习和深度学习的人工智能教材，语言通俗易懂，代码示例丰富，非常适合大中专院校计算机、人工智能相关专业学生以及所有对机器学习·深度学习技术感兴趣的程序员参考学习。

图书在版编目（CIP）数据

机器学习与深度学习：基于 Python 实现 /（日）小高知宏著；黄毅燕，汪敬东译. -- 北京：中国水利水电出版社，2023.8
　　ISBN 978-7-5226-1602-5

　　Ⅰ. ①机… Ⅱ. ①小… ②黄… ③汪… Ⅲ. ①机器学习②软件工具—程序设计
Ⅳ. ①TP181②TP311.561

　　中国国家版本馆 CIP 数据核字(2023)第 120338 号

北京市版权局著作权合同登记号　图字：01-2023-1222

Original Japanese Language edition
KIKAIGAKUSHU TO SINSOUGAKUSHU - PYTHON NI YORU SIMULATION -
by Tomohiro Odaka
Copyright © Tomohiro Odaka 2018
Published by Ohmsha, Ltd.
Chinese translation rights in simplified characters by arrangement with Ohmsha, Ltd.
through Japan UNI Agency, Inc., Tokyo

书　　名	机器学习与深度学习（基于 Python 实现） JIQI XUEXI YU SHENDU XUEXI (JIYU Python SHIXIAN)	
作　　者	[日]小高知宏　著 黄毅燕　汪敬东　译	
出版发行	中国水利水电出版社 （北京市海淀区玉渊潭南路 1 号 D 座　100038） 网址：www.waterpub.com.cn E-mail：zhiboshangshu@163.com 电话：（010）62572966-2205/2266/2201（营销中心）	
经　　售	北京科水图书销售有限公司 电话：（010）68545874、63202643 全国各地新华书店和相关出版物销售网点	
排　　版	北京智博尚书文化传媒有限公司	
印　　刷	北京富博印刷有限公司	
规　　格	148mm×210mm　32 开本　5.5 印张　186 千字	
版　　次	2023 年 8 月第 1 版　2023 年 8 月第 1 次印刷	
印　　数	0001—3000 册	
定　　价	79.80 元	

凡购买我社图书，如有缺页、倒页、脱页的，本社营销中心负责调换

版权所有·侵权必究

前　言

现在人工智能相关研究非常火热。其中，深度学习（deep learning）技术是研究的核心。深度学习是机器学习在人工智能研究中长期积累的成果，在语音识别、图像识别、行为识别等方面取得了巨大的成就。

本书深入浅出地对人工智能研究中机器学习各个领域的相关知识进行了详细介绍，并以这些知识为背景解释了什么是深度学习。为方便读者理解，本书并非简单地罗列概念，而是结合具体的处理过程和 Python 程序范例揭开这些技术的神秘面纱，读者能更好地理解这些技术。

本书通过 Python 程序范例对机器学习和深度学习相关技术进行具体说明。这些程序范例呈现了程序处理的核心框架，因此，即使是原本需要庞大计算量的深度学习相关的范例程序，也可以在普通的个人计算机上运行。本书将操作环境预设为普通的个人计算机，通过 Python 即可运行程序。通过程序运行，可以对机器学习和深度学习有更具体、更深入的理解。

本书是欧姆社出版的《机器学习和深度学习（基于 C 语言实现）》一书的 Python 版。在前一本书中用 C 语言实现书中的范例程序，而本书则使用了 Python 语言来实现。我们知道，Python 有丰富的算法库，但是，本书并没有使用这些库，而是按照原理直接实现相关算法，这主要是为了方便读者更好地理解机器学习和深度学习算法的本质。如果使用 Python 提供的各种算法库，虽然程序的实现变得很简单，但是无法解释机器学习和深度学习的核心问题，不利于读者理解其中的原理。因此，本书特意用最朴素的方法编写了算法，以最大限度展示机器学习和深度学习的本质。

本书的完成得益于我在福井大学所从事的教育研究，我从中获得了极为宝贵的经验。在此感谢福井大学的师生们给我这个机会。此外，再次感谢欧姆社图书编辑部的各位工作人员，是他们让此书得以出版。最后，我还要感谢支持我写作的家人（洋子、研太郎、桃子、优）。

小高知宏

本书配套资源下载及联系方式

（1）扫描下面的"读者交流圈"二维码，加入圈子即可获取本书资源的下载链接，本书的勘误等信息也会及时发布在交流圈中。

（2）扫描"人人都是程序猿"公众号，关注该公众号后，输入 jqsd 并发送到公众号后台，获取资源的下载链接。

（3）将获取的资源链接复制到浏览器的地址栏中，按 Enter 键，即可根据提示下载（只能通过计算机下载，手机不能下载）。

读者交流圈　　　　人人都是程序猿公众号

致　谢

本书是译者、编辑、排版、校对等人员共同努力的结果，尽管我们力求准确表达原书意图，但也难免有个别不当之处，请读者多多包涵。

如果您对本书有任何意见或建议，请直接将信息发送到以下邮箱：2096558364@qq.com。

祝您学习顺利愉快！

目　录

第 1 章

初识机器学习

本章介绍机器学习的概念，以及机器学习的一种——深度学习的概念。首先，以近年来备受关注的深度学习的研究成果为例，说明深度学习技术为何受到重视；其次，解释学习的概念，具体说明机器学习和深度学习到底是什么技术，并概述迄今为止机器学习的研究历程；最后，说明如何运行本书的范例程序。

1.1 机器学习的基础概念

本节基于若干个研究案例，对深度学习的应用进行了概述（关于如何实现本节所介绍的深度学习系统，将在第 5 章中进行详细介绍）。

1.1.1 深度学习的成果

近年来，深度学习（deep learning）技术备受关注。深度学习之所以受到关注，是因为它可以实现传统的机器学习系统不可能实现的智能处理。表 1.1 为通过深度学习实现的智能处理系统范例。

表 1.1　通过深度学习实现的智能处理系统范例

序　号	系统名称	相关论文	说　　明
1	DQN（Deep Q-Network）	Volodymyr Mnih et al.: Human-level control through deep reinforcement learning, Nature, Vol.518, pp.529-533(2015).	以游戏界面为输入，以游戏控制器的操作为输出的智能系统为例，展示AI计算机玩家如何通过深度学习获得游戏高分的研究案例
2	AlphaGo	David Silver et al.: Mastering the game of Go with deep neural networks and tree search, Nature, Vol.529, pp.484-503(2016).	深度学习技术在围棋AI棋手中的应用，AI棋手所获取的围棋知识首次超过人类职业棋手的研究案例
3	AlphaGo Zero	David Silver et al.: Mastering the game of Go without human knowledge, Nature, Vol.550, pp.354-359(2017).	深度强化学习在围棋AI棋手中的运用，AI棋手在没有使用人类知识的情况下获得超过人类围棋知识的研究案例
4	ConvNet VGG	Karen Simonyan, AndrewZisserman: VERY DEEP CONVOLUTIONAL NETWORKS FOR LARGE-SCALE IMAGE RECOGNITION, ICLR 2015(2015).	运用深度学习的方法之———卷积神经网络（convolutional neural network，CNN）技术进行图像识别，在标准问题中彰显了其他方法无法实现的识别性能
5	CD-DNN-HMM	Frank Seide, Gang Li, Dong Yu: Conversational Speech Transcription Using Context-Dependent Deep Neural Networks, INTERSPEECH 2011, pp.437-440(2011).	这是在语音识别中运用深度学习的初期研究，显示了深度学习技术对于语音识别的有效性

在表 1.1 中，系统名称为 DQN（Deep Q-Network）的研究案例显示了运用深度学习的学习系统有时能够发挥出人类无法企及的能力。

在这个研究中，研究对象是控制系统。控制系统在读取了古装视频游戏的游戏画面后（相当于输入），会根据游戏画面情况自动操纵游戏手柄（相当于输出）。也就是说，控制系统相当于视频游戏的计算机玩家。目标游戏有弹珠台、打方块、乒乓球。这些游戏可以根据画面的具体情况操控游戏手柄，因此控制系统将画面本身作为输入，并输出控制信号以控制游戏手柄的上、下、左、右和"确认"按钮。

设计出这样的控制系统是一个难度系数很高的课题。在以往的人工智能研究中，机器学习技术要实现这样的控制系统并使其像人一样具有学习能力是非常困难的一件事。事实上，在此之前还没有出现过成功的研究成果报告。

而上述研究使用了 DQN 深度学习这种新方法，成功地构建了控制系统。DQN 设定以游戏得分为目标，系统自动学习到更高阶的操控技能。整个过程是全自动的，没有进行任何人工调整操作等干预手段。从这个意义上来说，DQN 是看着即时画面来学习控制器的操作的，与人类的学习行为性质相同（见图 1.1）。

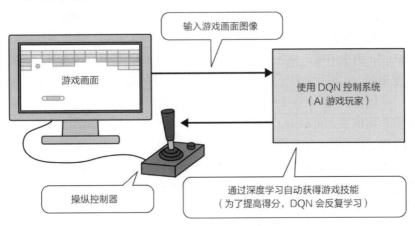

图 1.1　基于 DQN 技术的视频游戏学习

从学习的结果来看，DQN 在一些游戏中成功地学习到了超越人类的操控能力。据已公开的研究论文显示，DQN 表现最好的是 Video Pinball[1] 游

---

[1] 1979年由雅达利发售的弹珠游戏。

戏。虽然表 1.1 所列的论文标题的开头写着"与人类同水准的操控力（Human-level control）"，但其实根据游戏种类的不同，在一些游戏中 DQN 已学习到了超越人类的操控力。如上所示，在深度学习的具体例子——DQN 中，机器是看着游戏视频画面自动学习游戏操控，进行人性化智能处理的；并且从结果来看，机器获得了超越人类的游戏技能。这表明了深度学习具有"像人类一样"学习并超越人类技能的潜力。

DQN 所使用的技术是在以往机器学习中作为主要技术之一的强化学习（reinforcement learning）技术的基础上，融合了深度学习技术。而深度学习技术则使用了其核心技术——卷积神经网络（convolutional neural network，CNN）技术（关于这些技术的详情，后续将具体说明）。

表 1.1 中的第 2 个和第 3 个范例是将 DQN 算法应用于围棋的研究案例。表 1.1 中系统名称为 AlphaGo 的论文论述了如何构建名为 AlphaGo 的 AI 棋手。AlphaGo 与 DQN 一样，利用深度强化学习和卷积神经网络进行学习。其结果是，有报告称，AlphaGo 已达到了前所未有的研究水平，所学习的技能已能击败人类职业围棋棋手。AlphaGo 在这篇论文发表后仍在不断学习，在论文发表一年后，成功打败了人类世界围棋冠军。

表 1.1 中的系统名称为 AlphaGo Zero 的论文报告了通过进一步完善 AlphaGo 学习系统，完全无须参考以往人类对局数据，而是通过 AI 棋手之间的对局来推进学习的成功案例。AlphaGo Zero 比起打败世界冠军的 AlphaGo 更胜一筹，超越任何人类，是最强大的 AI 棋手。这表明，使用深度学习，机器完全无须依赖人类的知识就能获得远远超过人类水平的知识。实际上，AlphaGo Zero 的研究团队在这之后，使用 AlphaGo Zero 技术重新建构了 Alpha Zero 系统，不仅可以学习围棋，还可以学习象棋和国际象棋，再次显示了此项技术的有效性。

表 1.1 中的 ConvNet VGG 是关于图像识别的深度学习研究案例。该研究运用了卷积神经网络的图像识别深度学习系统构建了新的系统，用于识别输入图片上的图像。

此系统的实验处理对象是 The ImageNet Large Scale Visual Recognition Challenge（ILSVRC），这是机器学习图像处理国际学术竞赛中所用的图像数据。该图像数据由大量的图片组成。图片中有老虎、狮子等动物，有汽车、飞机、坦克等交通工具，有计算机、工具等用品，还有红酒、蘑菇等各种类型的事物。研究的目标是构建一个系统，使程序能够读取这些图片，并自动将其分为 1000 个类别。

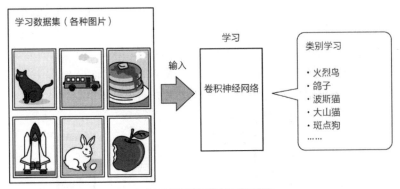

对人类来说，识别图像内容的任务很容易，对于计算机来说，却是很困难的一个课题。这个数据中所包含的图像，虽然也有相对容易识别的图像，但也有即便是人类看了也会觉得模棱两可、难以识别的图像。

在人工智能领域，研究者提出了各种各样的机器学习方法，但无论采取哪种方法，都难以攻破图像识别和分类问题。

针对这个难题，近年来通过深度学习技术可以使用前所未有的精确方法来解决图像分类问题。表 1.1 中的第 2 个范例便是其中一个成功案例。该案例表明卷积神经网络可以突破传统机器学习方法的极限。在此案例中，输入是长宽均为 224px 的 RGB 图像，输出是图像类别信号，用于明确该图像属于 1000 个类别中的哪一个。该研究案例和前面的 DQN 一样，将原始图像本身作为输入，深度学习系统将自主学习图像识别（见图 1.2）。

（a）通过学习数据集进行识别学习

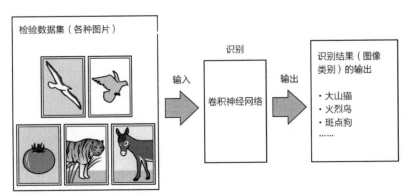

（b）通过检验数据集测试图像识别能力

图 1.2　基于卷积神经网络的图像识别

在训练系统学习时，使用的是图片以及明确图片所属类别正确答案的数据集。像这样为了使系统正确学习，输入相对应的正确答案的学习方法称为监督学习（supervised learning）。另外，将配有正确答案的数据集合称为学习数据集或训练数据集（training dataset）。在这个研究案例中，使用了由大量的学习数据构成的学习数据集，系统将自动学习如何识别图像。

待学习结束后，再给出测试用的数据，检查系统得到了多少正确答案。这样的数据集称为检验数据集或测试数据集（test dataset）。该研究表明，采用深度学习方法进行学习，与其他学习方法相比，对检验数据集的识别精度有了很大的提高。

现在，深度学习图像识别研究成了热门，除了上述研究案例之外，还有其他各种各样的研究成果报告。这主要是因为通过深度学习方法，可以使以前对计算机来说难度系数很高的图像识别技术得到了飞跃式的发展，也就是说，可以实现"堪比人类"处理图像的技术。

上述例子是深度学习应用于图像识别的案例，表 1.1 中最后的例子是深度学习应用于语音识别的研究案例。该研究在建构电话语音识别及语音转文字的语音识别系统时，使用了深度学习技术（见图 1.3）。

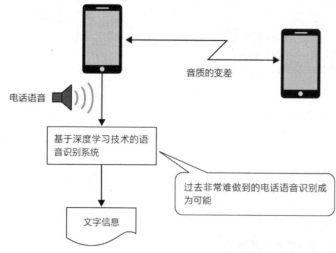

图 1.3 深度学习应用于语音识别系统

语音识别和图像识别一样，是机器学习研究领域中长期以来努力攻克的课题。近年来，在杂音少、条件好的环境下的语音识别系统已经进入了实践阶段。但是，如果在像电话语音那样杂音多、音质差的情况下，识别语音内容并进行文字转换仍是一大难题。针对这个难题，该研究通过深度学习方法构建了语音识别系统，达到了其他方法无可匹敌的识别精度。该研究不仅有助于语音识别系统的技术发展，而且表明了深度学习是一种普遍适用于各种领域的学习方法。

1.1.2 学习与机器学习、深度学习

深度学习对机器学习各个领域的研究都产生了很大影响。本小节主要对学习和机器学习进行概述，让大家了解深度学习在其中发挥的作用。

首先，所谓的学习到底是什么呢？在日常生活中，经常能听到学习这个词。在学校，学习是典型的学习形式，通过练习体育和音乐来掌握某种技能也是一种学习。

也有没有明确标明是学习的学习或练习。例如，熟练地使用某种工具，熟悉随身物品等，是　种潜移默化的学习结果（见图 1.4）。在重复日常生活中的一些小动作的过程中，学习也会有所进步，这也属于学习的结果。

在学校学习　　　　　　　　　　学习体育或艺术

熟练使用工具　　　　　　　　　　熟悉随身物品

图 1.4　学习的各个方面

学习并不是人类特有的行为，动物也会学习。和人类的学习一样，心理学各个领域中也有关于动物学习的各种研究。

无论哪种学习，学习者的内部状态都会发生变化。例如，通过学习积

累知识、学习新技能或丰富经验。通常，这种变化会在学习者适应了外部环境时体现出来。其结果是，当给出另一个需要处理的新问题时，学习者可以更巧妙地处理问题。产生这种变化的过程一般称为学习。

在机器学习中，机器，即计算机程序也可以进行学习活动。这种机器学习类似生物所进行的学习行为，可以运用同样的思路来理解。也就是说，计算机程序与外界互动，并根据互动结果改变内部状态的过程称为机器学习（见图 1.5）。

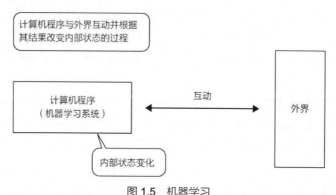

图 1.5　机器学习

这样看的话，机器学习这个概念包含的对象非常广泛。举一个非常简单的实例，日语输入系统的转换候补显示功能就是一个机器学习系统。这是一种先输入罗马字或假名的日语字符串，再转换为假名和汉字混合标记的系统。在这个过程中，当输入字符串有多个汉字转换候补时，转换系统会对候补进行排序显示。学习系统的作用就是通过记住过去进行的转换过程，将合适的候补显示在序列的前面（图 1.6 所示为在日语输入系统中输入假名字符串"へんかん"时，转换候补在序列中显示的顺序）。

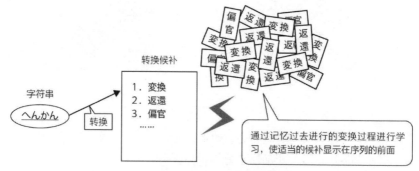

图 1.6　假名汉字转换系统中的机器学习（极为简单的学习系统案例）

上述这个机器学习系统虽然只是简单地记住了过去的转换结果，但非常方便实用。它的运作可以理解为与人类这一外界的互动，并根据互动结果改变汉字转换候补序列这一内部状态，以此来更好地与外界互动。从这层意义上说，这个系统就是一个机器学习系统。

这类层级的机器学习系统被集成运用到各种设备中。但是，这类层级的学习系统还缺乏学习中很重要的泛化（generalization）能力，因此像假名汉字转换系统中的汉字候补排序这样的案例，只能说是一种非常简单的学习。

泛化是指将通过学习获得的知识和经验一般化。通过泛化，即使面对和之前的学习经验不同的新情况，也可以灵活应对。

人类在学校学习的过程中，以学到的知识为基础，在面对和所学知识稍有不同的问题和情况也能找到解决的答案。例如，在学习数学的过程中，其实练习解决的习题数量很有限，但通过泛化这些学习经验，在面对陌生的问题时也能解出来。在汉语的文章阅读等方面，通过泛化学习结果，即使是第一次读到的文章也能准确地把握其内容。这种"举一反三"的泛化能力极大地提高了学习的效率和价值。

在前面所示的深度学习的例子中，也体现了学习的泛化技能。例如，DQN 通过对某一时刻为止的学习结果进行泛化，可以应对很多未知的游戏局面。

AlphaGo、AlphaGo Zero 也一样，面对未知的棋局也能正确应对。在 CNN 图像识别的例子中，系统遇到和标准例题不同的实验图像数据时，也能通过泛化学习结果对其进行分类。语音识别也是一样。很多机器学习系统不仅可以记录过去的案例，还可以通过泛化来处理未知的情况（见图 1.7）。

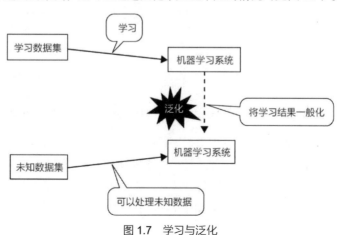

图 1.7 学习与泛化

1.1.3　机器学习方法的分类

　　虽说都是机器学习，但是其学习方法多种多样。在此，先介绍几种代表性的机器学习方法，看看深度学习在其中发挥的作用。

　　机器学习方法可以从不同的角度进行分类。其中，一种分类方法是根据学习是基于符号处理还是基于统计处理来进行的（见表 1.2）。

表 1.2　机器学习方法的分类——基于处理原理的分类

分　　类	说　　明	范　　例
符号处理	以符号处理、符号操作技术为基础的学习方法	归纳学习，指导学习，进化计算等
统计处理	将学习数据假定为概率性数据，主要通过数学运算来推进学习	统计方法（回归分析、聚类分析、主成分分析等），神经网络，深度学习等

　　近年来基于大数据（big data）的文本挖掘（text mining）受到了极高的关注，这其实就是基于符号处理的机器学习的一个典型案例。所谓的大数据，是指普通 PC 的磁盘设备无法存储的海量数据，主要是指在互联网上长期存储所累积的数据。文本挖掘是指通过机器学习处理大规模的文档数据，从中提取其蕴含的抽象知识（见图 1.8）。

图 1.8　基于文本挖掘的知识提取——基于符号处理的机器学习案例

　　在这个过程中，先对文本数据进行符号处理，所处理的结果再通过符号处理来进行分类分析，以此来进行机器学习。这些处理使用了人工智能技术中的文本处理和自然语言处理技术，或是推理和知识表达等基于符号处理的技术（关于基于这些技术的符号处理方法的机器学习将在第 2 章中进行详细论述）。

所谓的进化计算（evolutionary computation）类型的机器学习方法则是以符号操作为主来进行处理。进化计算这种机器学习方法灵感来自于生物进化，是通过符号处理来实现生物所具有的遗传性能的学习方法（关于进化计算，将在第 3 章中详述）。

在基于统计处理的机器学习方法中，如果假设输入是含有误差和杂音的概率数据，那么系统主要通过对其实施数学处理来推进学习。统计学中的推断就是一个经典案例。

此外，将生物神经细胞回路模型化的人工神经网络（artificial neural network，ANN）也是基于统计处理的机器学习的一个案例。人工神经网络也简称为神经网络（neural network）。

神经网络是将神经细胞模型人工神经元（artificial neuron，也称为神经元或神经细胞）相互连接组成的网络。人工神经元接收多个输入，在经过一定处理后输出处理结果。这个处理过程相对来说较为简单。首先是将每个输入的值乘以每个输入设定的系数后，再将所有的值相加；然后，对加法运算结果赋予适当的函数；最后，将该函数的计算结果作为神经元输出。这种运作处理的设计灵感来自于生物神经细胞的活动，如图 1.9（a）所示。

神经网络是按照一定的规则将多个人工神经元结合起来作为一个整体，并根据生成的输入信号来生成输出信号，如图 1.9（b）所示。此时，如果为了针对特定的输入信号能够获得特定的输出信号，从而调整网络，这种行为被称为神经网络学习（关于神经网络将在第 4 章中进行详细论述）。

上述机器学习方法分类基于不同方法原理分类而成，但并不等于限制了问题的解决方式。例如，基于统计处理方法的神经网络也可以使用符号处理，同样，基于符号处理的进化计算也可以使用统计处理。

本书所涉及的深度学习实际上属于神经网络的一种。例如，前面所示的 CNN 案例就是具有类似于生物视觉神经系统的大规模神经网络。此前，大规模神经网络的技术很难实现，如图 1.10（a）所示，但在近年来，神经网络研究发明了新的实现方法，如图 1.10（b）所示。深度学习就是运用了该新技术。

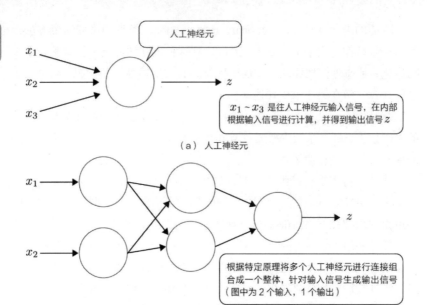

（a）人工神经元

（b）神经网络

图 1.9　神经网络基于统计处理的机器学习案例

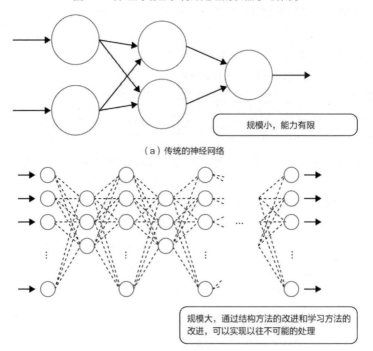

（a）传统的神经网络

（b）深度学习中的神经网络

图 1.10　深度学习和神经网络

深度学习其实是神经网络技术的延展，现在已成了研究热门，研究者从各种角度推进深度学习技术的发展（关于深度学习技术，将在第 5 章中进行详细论述）。

另一种给机器学习方法分类的观点是基于学习方法进行分类，具体内容如表 1.3 所示。

表 1.3　机器学习方法的分类——基于学习方法的分类

分　类	说　明	案　例
监督学习	提出一个问题和给出对应的正确答案，就像每个学习项目都向老师请教一样地学习	图像识别，语音识别
无监督学习	老师不教正确与否，而是只提供学习数据，由机器学习系统通过自身的判断来学习	对输入数据的自动分类
强化学习	不给出答案的正确与否，只针对最后的结果给出评估的学习	Q学习，DQN，AlphaGo，AlphaGo Zero

在表 1.3 中，正如基于卷积神经网络的图像识别案例所示，监督学习是一种提出问题和给出正确答案的学习方法，就像每个学习项目都向老师请教一样地学习。许多机器学习采取的是监督学习的学习方法。

无监督学习不是事先提供正确答案或错误答案，而是只给系统提供学习数据，通过机器学习系统自身的判断来学习。例如，假设给出一个大规模的数据，要求将它们分为几个类别，如果不事先教授机器如何分类，而是让学习系统根据自己的判断自行设立几个类别并对其进行分类，这种学习方式就是无监督学习。上面所述的监督学习和无监督学习如图 1.11 所示。

在无监督学习中，虽然学习系统会自动获取答案，但学习系统内部必须预设一定的判断规则。例如，在进行分类学习时，就需要预设分类判断基准，用于明确捕捉何种特征来形成类别。因此，在无监督学习中，学习系统内部必须已有预设的自主学习基准。无监督学习可以通过一些神经网络来实现（关于无监督学习，将在第 4 章中进行详细论述）。

除了监督学习和无监督学习两种机器学习方法，还有第 3 类机器学习，是一种被称为强化学习的学习方法（见图 1.12）。在强化学习的环境中，完全不给系统提供学习对象所对应的正确答案或错误答案。但是，强化学习系统会对问题所对应的多个输出答案进行评估，由此，最终可以了解整个输出系列的整体优劣。在强化学习环境中，系统可以根据这样的最终评估值进行学习。

强化学习适用于解决对一系列行动的最后结果做出评估的问题。例如，测试机器人做的一系列动作最后是否到达目标位置，或是测试游戏通过一系列操作后是否获胜等。在强化学习环境下，无法得知机器人每一个动作的评估，也无法得知每一步游戏操作的评估，只能从最后结果判断一系列动作是否恰当。如果采用强化学习的学习方法，那么这类难题也可以迎刃而解。

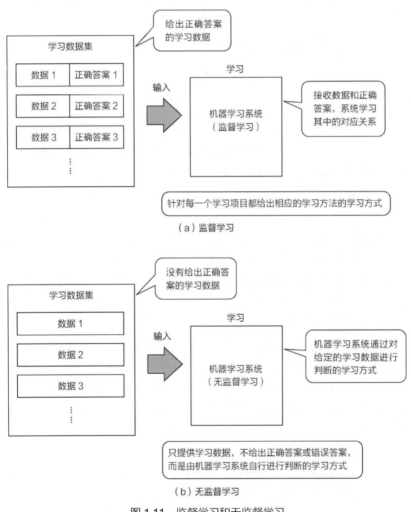

图 1.11　监督学习和无监督学习

在实现强化学习技术的例子中，有一种称为 Q 学习的学习方法。本章开头所提到的 DQN，它的学习过程中就运用了 Q 学习的结构框架。DQN 是从游戏结果中学习如何进行游戏操作的系统，因此适合采用强化学习的方法（关于强化学习，将在第 2 章中进行详细论述）。

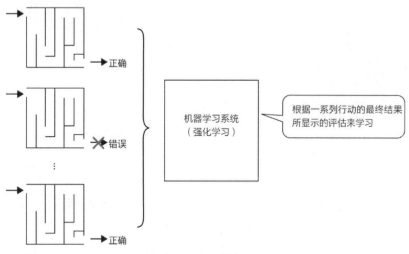

图 1.12　强化学习

1.1.4　从机器学习到深度学习的发展史

正如前文所述，深度学习技术并不是一蹴而就的。不仅如此，机器学习研究发展到深度学习经历了半个多世纪。在此，本小节将回顾机器学习的发展史，看看深度学习是如何产生的。

1. 图灵和机器学习

最早出现在机器学习历史上的研究者是英国数学家、早期计算机科学家阿兰·图灵（A.M.Turing）。作为计算机科学家，图灵提出了著名的图灵机（Turing Machine）概念，并在论文中论述了人工智能和机器学习实现的可能性，由此奠定了现代计算机和人工智能的理论基础。

图灵于 1950 年在 MIND 杂志上发表了论文 *COMPUTING MACHINERY AND INTELLIGENCE*，论文中探讨了计算机与智能的关系，提出了图灵测试（Turing Test）的概念。图灵测试的研究思路如图 1.13 所示。

图灵测试用来判断计算机是否具有智能。图灵测试研究的大致思路是，在进行网络在线聊天这种只使用文字交流的对话中，如果不能判断对方是人类还是计算机，就可以认为对方具有和人类一样的智能。

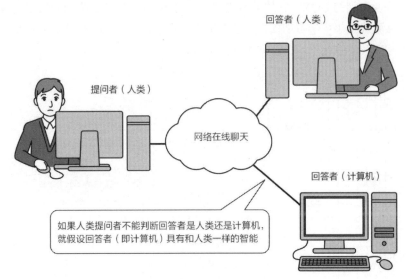

图 1.13　图灵测试的研究思路

图灵在论文中指出，通过计算机程序进行机器学习是建构能够通过图灵测试的智能计算机的重要技术。论文的第 7 章标题为 Learning Machines（学习机器），其中论述如下。

> Instead of trying to produce a programme to simulate the adult mind, why not rather try to produce one which simulates the child's? If this were then subjected to an appropriate course of education one would obtain the adult brain.
> （引自A.M. Turing:COMPUTING MACHINERY AND INTELLIGENCE, MIND, Vol. LIX, NO.236, p.456,1～4行）

该论文大概意思是，与其建造一个模拟成年人心灵的程序，不如建造一个模拟儿童心灵的机器，然后让儿童机器学习成长即可。

就这样，从 1950 年开始，学习机器的设想就渐渐发展成了人工智能。

2. 达特茅斯会议

达特茅斯会议（The dartmouth summer research project on artificial intelligence）于 1956 年夏天在达特茅斯大学召开。这是一个关于计算机科学和人工智能的学术研讨会。该研讨会由当时顶尖的计算机科学家约翰·麦卡锡（J.McCarthy）和马文·明斯基（M.L.Minsky）等人策划，信息理论领域著名学者克劳德·香农（C.E.Shannon）也在发起人名单之列。

1955 年，也就是达特茅斯会议召开的前一年，会议策划书新鲜出炉。这本策划书的标题中，在历史上首次使用了 ARTIFICIAL INTELLIGENCE，即人工智能（artificial intelligence，AI）这个词。

在策划书的开头，关于机器学习记述如下。

The study is to proceed on the basis of the conjecture that every aspect of learning or any other feature of intelligence can in principle be so precisely described that a machine can be made to simulate it.

（引自 J.McCarthy, M.L.Minsky, C.E.Shannon et al.: A PROPOSAL FOR THE DARTMOUTH SUMMER RESEARCH PROJECT ON ARTIFICIAL INTELLIGENCE(1955)）

该策划书大致意思是：在理论上，学习以及和其他智能相关的各种特征模态可以通过计算机程序模拟的形式来完成。

无疑，这宣告了机器学习是可能实现的。并且，在研讨会所讨论的项目中，机器学习同自然语言处理和计算理论等并列，还有神经网络（策划书中记述为 Neuron Nets）。可以说，达特茅斯会议是现代深度学习研究的起源。

3. 游戏中的机器学习

达特茅斯会议之后，科技界掀起了人工智能和机器学习的研究热潮。其中，跳棋程序可以说是机器学习的先驱性研究案例。这是 IBM 计算机科学家亚瑟·塞缪尔（A.L.Samuel）从 20 世纪 50—80 年代从事的研究。

西洋跳棋是一种使用棋盘和黑白棋子，通过双方交替移动棋子进行游戏的棋盘游戏（见图 1.14）。与国际象棋、象棋、围棋一样，两方玩家可以完全掌握棋盘上的信息。此外，和骰子游戏、轮盘游戏不同，不存在偶然因素。从这个意义上来说，西洋跳棋、国际象棋和扑克、麻将不同，玩家的实力直接关系到游戏的胜负。因此，选取这样的游戏作为研究对象更便于研究机器是如何通过学习来获得能力的。

亚瑟·塞缪尔在跳棋程序研究中，为了提高计算机玩家的实力，引入了机器学习的概念。通过读取对局过程数据和棋谱数据等来推进学习。这项研究是机器学习最早的研究案例。

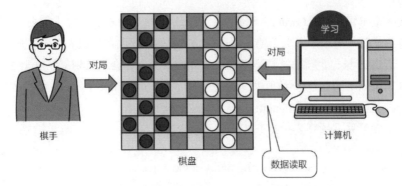

图 1.14　机器学习在跳棋程序中的应用——机器学习最早的研究案例

在此之后，机器学习在棋盘游戏玩家中的应用得到不断发展，计算机玩家的实力稳步提高。例如，国际象棋计算机玩家甚至在 1997 年打败了人类国际象棋冠军。战胜当时的人类冠军棋手卡斯帕罗夫的是一台名为"深蓝"的国际象棋专用计算机。

而且，近年来，国际象棋计算机玩家也具备了打败人类象棋顶尖棋手的实力。同样，围棋对于计算机来说其实也是个大难题，但技术发展至今也已出现了像前面提到的 AlphaGo 和 AlphaGo Zero 这样实力超过人类冠军的 AI 玩家。

4. 机器学习在概念学习、自然语言处理中的应用

20 世纪 70—80 年代，科学家开发了各种各样的符号处理式学习系统。例如，帕特里克·温斯顿（P.Winston）在 ARCH 这一款机器学习系统中，以积木拼装为研究对象，展示了通过机器学习来获取抽象概念的方法。该系统以积木拼装而成的结构体实例为学习数据集，从中归纳学习结构体的特征。

此外，机器学习在自然语言处理领域也得到了广泛的运用。特别是近年来，随着互联网的发展和计算机可处理的自然语言文档的增加，自然语言数据资源变得丰富起来。于是，文本数据挖掘技术盛行，用来大量收集自然语言数据，通过机器学习从中提取所需的抽象知识（见图 1.15）。

图 1.15　机器学习在自然语言处理中的应用

5. 进化计算

机器学习的方法之一是进化计算（evolutionary computation），它是一种通过模拟生物进化来获取知识的方法。在进化计算中，会将问题的解进行编码，编码后的解称为染色体（chromosome）。在进行进化计算时，一般会使用多个染色体。然后，通过对多个染色体进行组合交叉（crossover）和变异（mutation）等遗传操作，用以获取更适合环境的染色体，即获取表现更优质的解。

进化计算研究已有很长的一段历史。例如，在 20 世纪 70 年代，霍兰德（J.H. Holland）就已提出了进化计算的经典方法——遗传算法（genetic algorithm，GA）。

图 1.16 展示了遗传算法的运作流程。遗传算法首先以某种方式生成染色体群体，这个群体称为初始群体。在通常情况下，会使用随机数来生成初始群体。

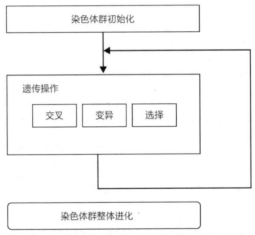

图 1.16　遗传算法的运作流程

接着，从染色体群中选择两个亲本染色体，进行交叉和变异等遗传操作（关于如何进行遗传操作，将在第 3 章中进行详细描述）。通过重复遗传操作，制作比亲本染色体群个数更多的新一代染色体。然后，从遗传操作产生的新一代染色体群中，选择（selection）优质染色体，形成子代染色体群。通过这样的操作，平均而言，可以获得比亲本染色体性能更好的子代染色体。

接下来，对所获得的子代染色体群进一步实施交叉、变异以及选择等遗传操作，制作下一代染色体。通过重复这一操作，在遗传算法中可以获得优质染色体。

遗传算法无法确保找到问题的最优解。但是，在反复进行遗传操作的过程中，染色体群整体的平均适应度会随之提高。因此，虽然不是正解，但是可以获得仅次于正解的优质解。而搜索这样"几乎是正解"的解，正是遗传算法等进化计算所追求的目标。

以遗传算法为代表的进化计算方法，在各个领域都得到了广泛的应用。特别是，当需要将对象系统引导至最佳运行状态，而对象系统又过于复杂以至于无法使用其他方法很好地进行最优化时，可以考虑使用遗传算法求得准最优解。

在机械、交通工具、建筑等的设计，或者产品评估等工学问题上，即使无法保证得到严密的正解，只要在工学容许的范围内，优质解也已够用。因此，遗传算法等进化方法在这些领域都得到了普遍的应用。

6. 群智能

群智能（swarm intelligence，SI）是一种通过模拟生物群体表现出的智能行为来解决问题的机器学习方法。20 世纪 80 年代以来，出现了各种各样的群智能算法，如表 1.4 所示。

表 1.4 群智能算法

算 法 名 称	说 明
粒子群优化算法（particle Swarm Optimization, PSO）	模拟鱼、鸟等生物群体作为整个群体的高效捕食行为的最优化方法
蚁群优化算法（ant colony optimization, ACO）	模拟蚁群寻找食物点和巢穴之间最短路径的优化方法
AFSA（artificial fish swarm algorithm）	模拟鱼群捕食和追踪等行动特性的优化方法

在表 1.4 中，粒子群优化算法是经典的群智能实现示例之一。在粒子群优化算法中，首先通过模拟鱼和鸟等生物群来设置粒子群，粒子群里的每个粒子分别对应问题的一个解；然后，通过模拟生物群高效的捕食行为来探索最优解（见图 1.17）。如果将粒子群优化算法中的粒子个体视为鱼，并加入捕食和追踪等具有鱼群特性的行动模拟，这就是所谓的 AFSA 优化算法。

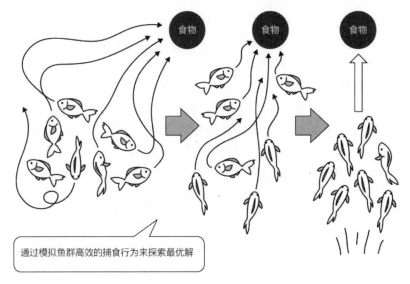

通过模拟鱼群高效的捕食行为来探索最优解

图 1.17 粒子群优化算法

蚁群优化算法模拟的是蚂蚁在巢穴和食物点之间寻找最短路径的行为。当蚁群在巢穴和食物点之间往返时，个体都会分泌信息素，在自己走过的道路上留下痕迹。蚁群可追寻其他蚂蚁的信息素痕迹，以此来寻找食物，但是信息素很快就会蒸发消失。如果某个蚂蚁在信息素蒸发之前通过相同的路径，信息素就会被覆盖叠加。巢穴和食物点之间的距离越短，信息素就越容易被覆盖叠加，就会有更多的蚂蚁聚集在该路径上。最终，蚁群就会被引导至距离最短的路径上。蚁群优化算法正是受此启发，通过对蚂蚁这种行为的模拟来搜寻最短路径（见图 1.18）。

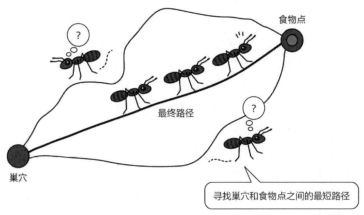

图 1.18 蚁群优化算法

如上所述，群智能算法多种多样，根据对象问题的不同，选择不同的算法，可以在问题的解决上发挥出很好的作用（具体如何实现群智能算法，将在第 3 章中进行详细描述）。

7. 强化学习

强化学习是心理学领域很早就提出的一个概念。例如，在动物实验中，设置了杠杆和食物槽，杠杆和食物槽相连，老鼠一按压杠杆就能得到食物。

老鼠一开始并不知道按压杠杆会发生什么，但不久之后就发现按压杠杆会掉出食物，于是就开始努力地按压杠杆。换句话说，老鼠按压杠杆这一行为是通过学习得来的。像这样，在采取某一行为时，通过设置类似食物的这种奖励（报酬）反馈机制，让人学习强化该行为。这种学习称为（动物心理学中的）强化学习（见图 1.19）。

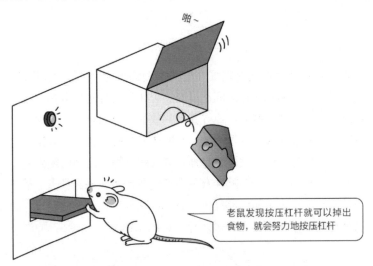

图 1.19　动物心理学中的强化学习

如上所述，机器学习领域中的强化学习是指在完成一系列动作之后给出优劣评估，通过最后结果的评估来学习每个动作。在机器学习领域，从 20 世纪 90 年代开始强化学习的研究就已盛行。例如，在机器人行动学习中，不是让系统分别学习控制机器人行动的每一步动作，而是根据判断机器人在进行一系列完整的动作之后是否达到目标来学习各个动作的操作。

8. 神经网络与深度学习

前面对机器学习历史进行了概述，最后了解一下作为深度学习基础的神经网络的研究史（见图 1.20）。

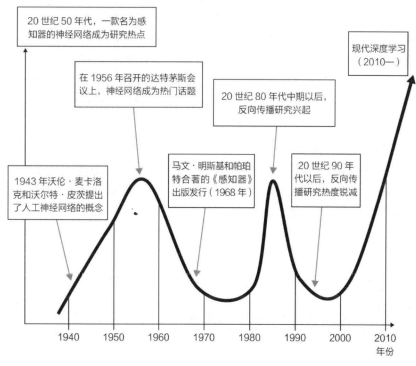

20世纪50年代，一款名为感知器的神经网络成为研究热点

在1956年召开的达特茅斯会议上，神经网络成为热门话题

20世纪80年代中期以后，反向传播研究兴起

现代深度学习（2010—）

1943年沃伦·麦卡洛克和沃尔特·皮茨提出了人工神经网络的概念

马文·明斯基和帕珀特合著的《感知器》出版发行（1968年）

20世纪90年代以后，反向传播研究热度锐减

1940 1950 1960 1970 1980 1990 2000 2010
年份

图1.20　神经网络研究的变迁

　　如前所述，在1956年召开的达特茅斯会议上，神经网络成了热门话题。但实际上，在1943年，沃伦·麦卡洛克（W.S.McCulloch）和沃尔特·皮茨（W.Pits）就已经提出了人工神经网络的概念。那时，电子计算机还没有进入任何实际应用领域。

　　之后，20世纪50年代，一种名为感知器（perceptron）（有时也翻译为"感知机"）的神经网络被广泛研究发展起来。感知器是一种结构比较简单的神经网络（关于感知器，将在第4章中详细说明）。当然，感知器不是万能的，其处理能力是有限的。马文·明斯基和帕珀特意识到并指出了感知器的局限性。他们在共同著作《感知器》（Perceptrons）中，探讨了感知器的处理能力，明确了感知器适用的问题种类。业界将之理解为"感知器的处理能力是有限的"，因此神经网络的研究热度一时间减弱了不少。当然，在这之后的20世纪70年代和80年代，研究还是得到了实质性的进展。例如，1979年，福岛邦彦提出了新认知机（neocognitron）神经网络，这奠定了深度学习中卷积神经网络技术的基础。

　　神经网络研究在20世纪80年代中期后再次迎来了热潮。当今广为人知的反向传播（back propagation）网络学习方法在当时就已广泛应用于各种研究，神经网络研究再次活跃了起来（关于反向传播的具体方法，将在第 4 章中详细说明）。20 世纪 80 年代以后，各式神经网络都成了研究对象，但是随着研究的不断发展，一旦发现神经网络的适用范围以及处理能力的局限性，研究热度就会锐减。特别是在实际大规模数据处理时，如果使用神经网络，学习就很难达到预期效果。

之后，深度学习的一系列研究破解了这个难题。正如本章开头所述，深度学习可以直接处理大量的图像和音频等大规模数据。深度学习与传统神经网络的不同之处主要体现在以下两点（关于如何赋予深度学习特性，将在第 5 章中详细说明）。

- 网络结构的完善。
- 学习方法的提升。

1.2 示例程序运行环境

本节主要介绍示例程序的运行步骤和流程等。

1.2.1 示例程序运行准备

首先熟悉一下示例程序运行环境。本书所列示例程序都是使用 Python 语言进行编写的，因此，计算机上需要事先安装编程语言 Python 才能编译和运行 Python 程序。Python 由核心模块 Python 解释器和提供附加功能的模块（库）组成（见图 1.21）。

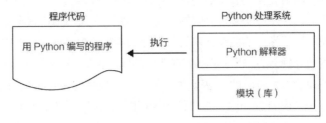

图 1.21　执行 Python 程序

Python 软件可以通过以下几种方法进行安装。例如，可以从 Python

官方网站下载 Python 低配版，然后自定义添加所需模块。该方法可以只选择所需的模块进行安装，无须安装不需要的模块，此举可以避免 Python 程序过于臃肿。但是，这种方法也有不便管理的一面，在选择添加功能模块时，需要特别注意版本是否一致。

另一种方法是安装 Python 完整版，将通用模块作为 Python 程序的一部分一起安装。使用这种方法，安装完成后无须再添加模块。但是，这种安装方法需要大量的磁盘空间。采用这种安装方法，计算机通常需要使用 Anaconda 系统。本书为了清晰地展示机器学习算法的原理和本质，尽量不使用额外的模块，只使用 Python 的核心功能来配置程序。无论使用上述哪种方法进行安装，在执行程序上都不会出现特别大的问题。但是，如果不明确执行环境，在说明执行示例程序时可能会引起混乱。因此，在此假设是在 Anaconda 系统内部运行程序的。

另外，在安装中需要注意 Python 的版本问题。目前，Python 有两个版本：Python 2 和 Python 3。由于两者在语法上有一些细微的差异，因此在这里按照最新的 Python 3 来配置程序。

综上所述，本书设定的 Python 程序基本信息如图 1.22 所示，可以在 Windows、Mac 和 Linux 上构建此运行环境。

```
• Python 程序      Python 3
• 安装程序        Anaconda
• OS             Windows、Mac 或 Linux
```

图 1.22　本书设定的 Python 程序基本信息

1.2.2　示例程序运行实况

下面通过具体的示例程序来查看程序的实际运行情况。

清单 1.1 展示了示例程序的具体内容。此处的 sum2.py 程序将读取标准输入的浮点数，然后逐次输出浮点数的和以及平方和。另外，在清单 1.1 显示的程序中，每一行开头都添加了行号，这是为了便于说明而另外标注的，不是 Python 程序的原有部分。此外，在 Python 系统中，缩进具有语法上的意义。因此，如果不小心删除缩进的空白字符，可能会产生程序错误，在此需要特别注意一下。

清单 1.1　sum2.py 程序

```python
1  # -*- coding: utf-8 -*-
2  """
3  sum2.py 程序
4  求和、平方和程序
5  从标准输入中读取浮点数
6  依次输出和与平方和
7  以非数值输入结束
8  操作方法 c:\>python sum2.py
9  """
10
11 # 主执行部分
12 # 初始设定
13 sum = 0.0           # 和
14 sum2 = 0.0          # 平方和
15
16 # 重复处理
17 while True:         # 重复直到输入数值以外的值为止
18   try:
19     data = float(input("输入数值:"))
20   except ValueError: # 输入结束
21     break
22   sum += data       # sum 计算
23   sum2 += data * data  # sum2 计算
24   print("{:.15f} {:.15f}".format(sum, sum2))
25 # sum2.py 结束
```

清单 1.1 中 sum2.py 程序的运行过程如图 1.23 所示。

```
C:\Users\odaka\ndl\ch1>python sum2.py
输入数值:1.5
1.500000000000000 2.250000000000000
输入数值:-2.3
-0.800000000000000 7.539999999999999
输入数值:quit

C:\Users\odaka\ndl\ch1>
```

指示 Python 解释器执行 sum2.py 程序

执行结果（输出和与平方和）

输入结束（输入非数值）

※下画线部分使用键盘输入

图 1.23　sum2.py 程序的运行过程

在图 1.23 所示的程序运行过程中，使用了包含 Python 程序的文件 sum2.py 作为参数，启动了 Python 解释器。如果在提示"输入数值："后再输入适当的数字，就会输出其和以及平方和。输入数字以外的数据，如其他字符串，程序就会结束。

如上所述，可以将程序文件名存储成以.py 为扩展名的程序文件，然后用 Python 解释器来执行。执行本书的其他示例程序时请同样参照上述步骤。

第 2 章

机器学习基础

本章介绍机器学习的基本概念，具体来说主要有两个：①从案例中学习抽象规则的归纳学习；②第 1 章中提到的强化学习。

2.1 归纳学习

为了便于理解和掌握机器学习的基础概念，本节将分析相对简单的归纳学习案例。示例程序选取的问题是如何从所罗列的具体案例中找出具体的规则和模式。

2.1.1 演绎学习和归纳学习

根据学习方式的不同，学习可以分为演绎学习（deductive learning）和归纳学习（inductive learning）（见图 2.1）。

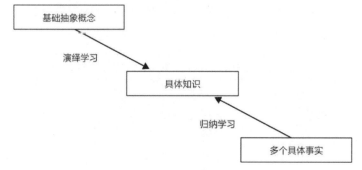

图 2.1 演绎学习和归纳学习

演绎学习是指从基础的抽象概念中推导出具体知识的学习。例如，在数学领域，从给定的公理或定理出发，推导出具体案例，这样的学习过程称为演绎学习。

与此相对，归纳学习是指从多个具体事实中抽取一般规则的学习方法。第 1 章中介绍的学习大部分都属于归纳学习。例如，在图像识别和语音识别中，机器通过学习给出的图像、语音数据集中的具体案例数据来获得图像识别和语音识别的相关知识。这些都属于从具体的案例数据中提取抽象知识，是归纳学习的一种。

2.1.2 归纳学习的示例——股价预测

下面通过一个简单的示例来展示如何实现归纳学习。在此，以简易模型的股价预测程序作为示例。

假设现在有一家名为 X 的股份公司。X 公司上市后，在股市发行了公司的股票，并且股价时时刻刻都在波动。在此，需要预测 X 公司的股价今后是上涨还是下跌。

股价的波动就像股民对企业人气投票结果的变动。当然，一个企业的价值是由全球经济状况、社会形势等非常复杂的因素所决定的。整个股市的走势，以及相关企业股价的波动，也可能会影响该企业的股价。

在此，先将众多因素进行简化处理，假设 X 公司股价的动向取决于相关企业 A 公司至 J 公司的股价的变动。也就是说，假设当前一天 A 公司至 J 公司股价发生某种类型的波动时，第二天 X 公司的股价就会上涨；当前一天 A 公司至 J 公司股价发生另一种类型的波动时，第二天 X 公司的股价就会下跌（见图 2.2）。因此，考虑先收集过去股价变动的具体案例数据，再通过归纳式的机器学习方法来提取其中的关联模式，以此获取可以预测 X 公司股价涨跌的知识。

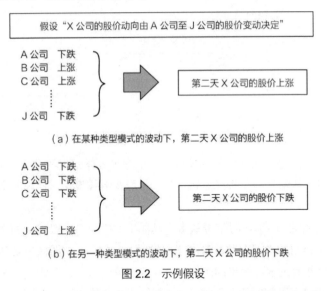

图 2.2　示例假设

为了让系统进行归纳学习，需要给系统提供学习数据集。如表 2.1 所示，给出了过去股价变动的 10 组学习数据，即显示了前一天 A 公司至 J 公司的股价变动，以及第二天 X 公司的股价变动情况。

例如，在第 1 组学习数据中，A 公司至 J 公司前一天的股价变动结果所反映的事实情况如下。

此时，结果显示了第二天 X 公司的股价也上涨了。也就是说，在这种情况下，学习数据给出了 X 公司股价上涨的信息。如示例所示，与某个数据对应的结果的值是成对显示的。从这层意义上来说，本示例的学习也属于监督学习的范畴。

表 2.1　示例所用的学习数据集（部分）

学习数据编号	前一天A公司至J公司的股价变动（1：上涨，0：下跌）										第二天X公司的股价变动（1：上涨，0：下跌）
	A公司	B公司	C公司	D公司	E公司	F公司	G公司	H公司	I公司	J公司	
1	1	0	0	0	0	0	1	0	0	1	1
2	0	1	0	1	0	1	1	1	0	1	1
3	0	1	0	0	0	1	1	0	1	0	0
4	1	0	0	1	1	0	1	0	0	1	1
5	1	0	0	1	1	0	1	1	1	1	0
6	0	0	0	0	0	1	1	0	0	0	1
7	1	1	1	1	0	1	1	1	0	1	1
8	0	1	0	0	1	1	1	1	0	1	0
9	0	0	1	1	0	1	1	0	0	1	0
10	1	1	1	0	0	0	0	1	1	0	0

在示例中，假设给出 100 组这样的数据，目标要求从这些数据中提取出 X 公司股价的波动规律。

接下来，探讨抽象知识的表达方法。股价动向这种抽象知识一般通过某种规则来表达。机器学习中有多种关于规则的表达方法，例如，可以采用模式匹配方法、逻辑表达式的方法和 if-then 形式生产规则的方法等，或者使用深度学习基础的神经网络方法，也可以获取规则。在此，我们试着采用最简单的模式匹配方法来处理。

本示例所要求的知识表达是，当给出前一天 A 公司至 J 公司的股价动向时，能以此预测 X 公司的股价动向。因此，需要以某种方法来表达 A 公司至 J 公司的股价动向模式，当符合该模式时，可以预测 X 公司的股价会出现上涨；当不符合该模式时，可以预测 X 公司的股价会出现下跌（见图 2.3）。

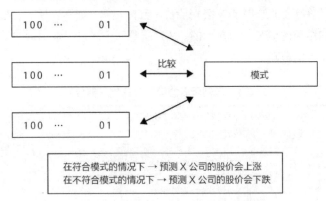

图 2.3　基于模式匹配方法的股价动向预测

关于模式的表达方法，可以用 10 个符号来表示前一天 A 公司至 J 公司的股价动向。在此，除了表示上涨和下跌的 1/0 字符之外，还引入了字符 2 作为与两个符号匹配的通配符（见图 2.4）。这里的通配符通常是指与任何符号都匹配的符号。

图 2.4　模式的表达方法

在确认模式和股价动向是否匹配时，需要字符 1 和字符 0 分别匹配，模式字符 2 与股价动向的字符 1 和字符 0 两者匹配。在图 2.4 的示例中，在模式的中间位置，左起第 5 和第 6 位置有通配符 2，因此符合条件的字符串有 4 种。

像这样引入通配符 2，可以使知识表达更具灵活性。

基于上述准备，明确了本示例只需通过机器学习来求出预测 X 公司股价动向的知识模式即可。因此，接下来探讨模式的探求方法。

在此，采用简单的方法，通过生成—检验（generate and test）法来探讨模式。在生成—检验法中，先通过某种方法生成问题的候补解，再将候补解与问题的要求及条件进行对照检验来选出最优解。结合本示例来看，相当于先用某种方法生成候补模式，再通过与学习数据集进行对照检验的方式来选出最优质解的模式（见图 2.5）。学习数据集包含了100 组学习数据，可以先将候补模式对照 100 组数据来检验，看该模式能正确处理其中多少组数据，以此来对候补模式进行优劣评估。如果某个候补模式能正确处理 100 组学习数据，则该模式的适应度评估为 100分。相反，如果全部错误，则为 0 分；如果能准确处理其中的一半案例，则适应度评估为 50 分。

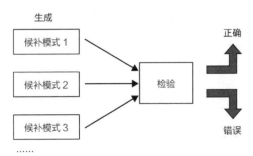

图 2.5　基于生成—检验法的模式学习

在这个过程中，需要特别注意的是学习数据中包含了正例（Positive Example）和负例（Negative Example）。正例是指作为正解选出的数据，负例是指作为错解选出的数据。在本示例中，正例是指预测 X 公司股价会出现上涨，学习数据集中监督数据标记为 1 的学习数据。另外，负例是指预测 X 公司股价会出现下跌，监督数据标记为 0 的学习数据。这里机器所要学习的知识，是对正例而言，必须正确预测上涨，对负例而言，必须正确预测下跌（见图 2.6）。

最后，分析候补解的生成方法。在此，采用随机数列生成候补解的方法来生成候补模式，即随机生成 10 个字符 0、1 或 2，将这些字符组成的数列作为一个候补模式（见图 2.7）。

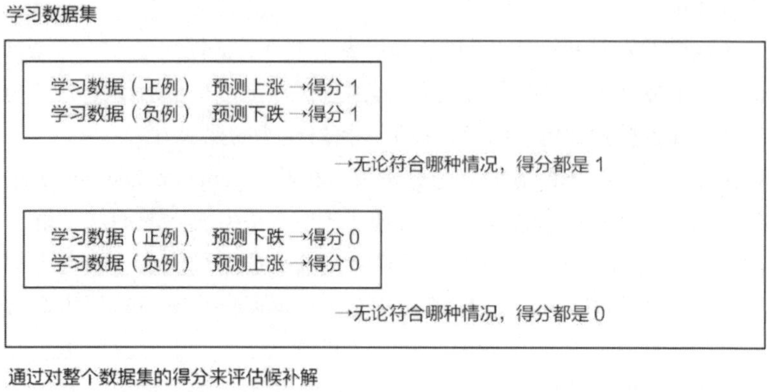

学习数据集

通过对整个数据集的得分来评估候补解

图 2.6　对候补模式的评估

图 2.7　基于随机数生成候补解

综上所述，这里所构建的机器学习系统运作流程如下。

（1）读取学习数据集（成对的学习数据和监督数据）。

（2）适当重复以下操作。

　　（2-1）使用随机数生成候补模式。

　　（2-2）对所有的学习数据重复以下操作。

　　　　（2-2-1）用候补模式计算每个学习数据所对应的 X 公司股价的预测值（上涨或下跌）。

　　　　（2-2-2）将预测值与对应的监督数据进行比较，如果两者相符，则加 1 分。

　　（2-3）如果候补模式的评估值（得分合计）是过去得分记录里的最高分，则更新最高分的记录。

2.1.3　基于归纳学习的股价预测程序

下面来尝试构建一个可以获取股价预测知识的归纳学习程序，这里暂且命名为 learnstock.py。首先，需要考虑如何用 Python 来编写程序运作流程。

先确定学习数据集在程序内部的表达方法。学习数据集集合了 100 组学习数据与配套的监督数据（见表 2.1）。将这些学习数据集归在一个文本文件里，具体如清单 2.1 所示。在清单 2.1 中，学习数据集存储在一个名为 ldata.txt 的文本文件中。

清单 2.1　学习数据集的文件格式

将每组学习数据和对应的监督数据列为一行存储在文本文件里，内容如下。

```
C:\Users\odaka\ndl\ch2>type ldata.txt
1 0 0 0 0 0 1 0 0 1      1
0 1 0 1 0 1 1 1 0 1      1
0 1 0 0 0 1 1 0 1 0      0
1 0 0 1 1 0 1 0 0 1      1
1 0 0 1 1 0 1 1 1 1      0
0 0 0 0 0 0 1 1 0 0      1
1 1 1 1 0 0 1 1 0 1      0
0 1 1 1 0 1 1 1 0 1      0
0 0 1 1 0 1 1 1 0 0      0
1 1 1 0 0 0 0 1 1 0      0
0 0 1 1 1 0 0 0 1 0      0
1 0 0 0 1 0 1 0 1 1      0
...
```

学习数据　　　监督数据

系统负责读取这些数据，并在程序内部将其存储在列表中。列表具体的表达式如下。

```
data = [[] for i in range(SETSIZE)]        # 学习数据集
teacher = [0 for i in range(SETSIZE)]      # 监督数据
```

在上述表达式中，常量 SETSIZE 用于显示学习数据集的大小。在列表 data[][]中存储学习数据，在列表 teacher[]中存储对应的监督数据。和学习数据集文件一样，这些列表存储的是 0 或 1 的整数值。

接下来是确定候补模式的表达方法。这里所使用的表达式具体如下。

```
answer = [0 for i in range(CNO)]           # 候补解
```

在上述表达式中，常数 CNO 显示的是学习数据的个数。表示候补模式的列表 answer[]中，包含字符 0、1 以及通配符 2。

基于这些数据，将 2.1.2 小节中构建的机器学习系统运作流程编写为程序。

首先是流程（1）中的"读取学习数据集"。系统从标准输入中读取数据，并将其存储在列表中。

```
"""读取学习数据集"""
for i in range(SETSIZE):
    line = input()
    data[i] = [int(num) for num in line.split()]
    teacher[i] = data[i][CNO]
```

然后是流程（2）中的（2-1）"使用随机数生成候补模式"，代码如下所示，使用随机数将 0、1 或 2 的值存储在列表 answer[]中。其中的 random.randint（0，2）是随机生成 0～2 的整数的随机数函数。

```
# 生成候补解
for j in range(CNO):
    answer[j] = random.randint(0, 2)
```

接下来是流程（2-2）中的"对所有的学习数据重复以下操作"，使用 for 语句重复 SETSIZE 次流程（2-2-1）和流程（2-2-2）的处理。本例题设定的学习数据的个数为 100 个，所以这里的 SETSIZE 为 100，下面的得分计算将重复 100 次。

关于重复内部操作的流程（2-2-1）"用候补模式计算每个学习数据对应的 X 公司股价的预测值（上涨或下跌）"，可以通过以下程序代码来实现。

```
# 相似度计算
point = 0
for j in range(CNO):
    if answer[j] == 2:
        point += 1          # 通配符
    elif answer[j] == data[i][j]:
        point += 1          # 一致
```

在上述表达式中，变量 point 存储的是候补模式 answer[]和第 i 个学习数据 data[i][]的比较结果。如果两者完全一致，则 point 的值为 10，否则 point 的值为 0。但是，候补模式中的通配符 2 必须与学习数据一致。

接下来，关于流程（2-2-2）"将预测值与对应的监督数据进行比较，如果两者相符，则加 1 分"，具体程序可以编写如下。

```
# 计算分值
if (point == CNO) and (teacher[i] == 1):
    score += 1
elif (point != CNO) and (teacher[i] == 0):
    score += 1
```

在上述程序代码的第 2 行中，描述的是当监督数据为 1，即给出 X 公司股价上涨的信息时，如果学习数据与候补模式完全一致，并且变量 point 的值为 CNO 时，则加 1 分。在第 4 行开始的 elif 部分描述的是，当监督数据为 0，即 X 公司的股价下跌时，学习数据与候补模式不一致而预测下跌，则以加分计算。如上所述，对于正确预测了 X 公司股价的上涨和下跌的情况下，程序代码会将变量 score 的值增加 1。

基于以上准备，构建了 learnstock.py 程序。整个程序的内部结构如图 2.8 所示，learnstock.py 程序从主程序调用两个子函数。

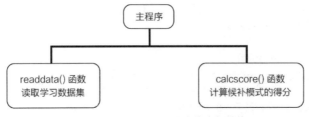

图 2.8　learnstock.py 程序的内部结构

在 learnstock.py 程序中，将读取学习数据集和计算候补模式得分分别设置为独立的函数，其余的处理由主程序来执行。根据图 2.8 来配置程序，可得清单 2.2。

清单 2.2　归纳学习示例程序 learnstock.py

```
1  # -*- coding: utf-8 -*-
2  """
3  learnstock.py 程序
4  简单的归纳学习示例程序
5  模式学习器
6  读取 100 个学习数据
7  选出 10 位二进制数模式
8  操作方法 c:\>python learnstock.py < ldata.txt
```

```python
 9   """
10   # 导入模块
11   import math
12   import random
13
14   # 全局变量
15   SETSIZE = 100              # 学习数据集的大小
16   CNO = 10                   # 学习数据个数（10 家公司）
17   GENMAX = 10000             # 候补解生成次数
18   SEED = 7                   # 随机数种子
19
20   # 子函数的定义
21   # readdata()函数
22   def readdata(data, teacher):
23     """导入学习数据集"""
24     for i in range(SETSIZE):
25       line = input()
26       data[i] = [int(num) for num in line.split()]
27       teacher[i] = data[i][CNO]
28     return
29   # readdata()函数结束
30
31   # calcscore()函数
32   def calcscore(data, teacher, answer):
33     """计算候补模式的得分（0~SETSIZE 分）"""
34     score = 0 # 得分（0~SETSIZE 分）
35     for i in range(SETSIZE):
36       # 相似度计算
37       point = 0
38       for j in range(CNO):
39         if answer[j] == 2:
40           point += 1                         # 通配符
41         elif answer[j] == data[i][j]:
42           point += 1                         # 一致
43       # 得分计算
44       if (point == CNO) and (teacher[i] == 1):
45         score += 1
46       elif (point != CNO) and (teacher[i] == 0):
47         score += 1
48     return score
49   # calcscore()函数结束
50
51   # 主程序
```

```
52 score = 0                                    # 得分（0~SETSIZE 分）
53 answer = [0 for i in range(CNO)]             # 候补解
54 data = [[] for i in range(SETSIZE)]          # 学习数据集
55 teacher = [0 for i in range(SETSIZE)]        # 监督数据
56 bestscore = 0                                # 最高得分
57 bestanswer = [0 for i in range(CNO)]         # 搜索过程中的最优解
58
59 # 随机数初始化
60 random.seed(SEED)
61
62 # 导入学习数据集
63 readdata(data, teacher)
64
65 # 候补解的生成和检验
66 for i in range(GENMAX):
67   # 生成候补解
68   for j in range(CNO):
69     answer[j] = random.randint(0, 2)
70
71   # 检验
72   score = calcscore(data, teacher, answer)
73
74   # 更新最高得分
75   if (score > bestscore):
76     bestanswer = answer.copy()
77     bestscore = score
78     print(bestanswer, ":score=", bestscore)
79
80 # 输出最优解
81 print("最优解")
82 print(bestanswer, ":score=", bestscore)
83 # learnstock.py 结束
```

下面简单介绍一下 learnstock.py 程序。首先，上述流程（1）是通过调用主程序第 63 行的 readdata()函数来运行的。其次，流程（2）是由第 66 行的 for 语句来操控的，并按照全局变量 GENMAX 指定的次数，反复生成和检验候补解。

流程（2-1）是通过程序第 68 行的 for 语句来运行的。接下来的流程（2-2）则是在程序第 72 行调用独立的 calcscore()函数来体现的。流程（2-2-1）和流程（2-2-2）的运行处理都放置在 calcscore()函数内部进行配置。

流程（2-3）则是通过主程序中的第 75～78 行的代码来运行的。

learnstock.py 程序具体的执行示例如执行示例 2.1 所示。在执行示例 2.1 中，机器在读取 ldata.txt 的 100 个学习数据集后，共获得了 84 个模式正解。

执行示例 2.1　learnstock.py 程序的执行示例

```
C:\Users\odaka\ndl\ch2>python learnstock.py < ldata.txt
[1, 0, 1, 2, 0, 0, 2, 0, 1, 2] :score= 76
[2, 1, 0, 2, 0, 0, 2, 2, 2, 0] :score= 77
[0, 2, 0, 2, 1, 2, 2, 0, 0, 2] :score= 79
[2, 2, 0, 2, 0, 2, 1, 2, 0, 1] :score= 81
[1, 1, 0, 2, 2, 2, 2, 2, 0, 2] :score= 83
[2, 2, 0, 2, 2, 2, 2, 0, 0, 2] :score= 84
最优解
[2, 2, 0, 2, 2, 2, 2, 0, 0, 2] :score= 84

C:\Users\odaka\ndl\ch2>
```

在清单 2.2 的 learnstock.py 程序中，生成候补模式这一操作重复运行了 10 000 次。这里的运行次数可以通过设定第 17 行代码中的全局变量 GENMAX 的值来调整和更改。

```
17 GENMAX = 10000          # 候补解生成次数
```

实际上，如果将 GENMAX 的值设置得足够大，也可以找到更优质的符合学习数据集的模式。执行示例 2.2 就演示了这一运作过程，将重复次数 GENMAX 设为 110 000，并以此找到了优质模式，即找到了符合学习数据集 ldata.txt 中所有数据的最优模式。

执行示例 2.2　增加重复次数的执行示例

```
C:\Users\odaka\ndl\ch2>python learnstock.py < ldata.txt
[1, 0, 1, 2, 0, 0, 2, 0, 1, 2] :score= 76
[2, 1, 0, 2, 0, 0, 2, 2, 2, 0] :score= 77
[0, 2, 0, 2, 1, 2, 2, 0, 0, 2] :score= 79
[2, 2, 0, 2, 0, 2, 1, 2, 0, 1] :score= 81
[1, 1, 0, 2, 2, 2, 2, 2, 0, 2] :score= 83
[2, 2, 0, 2, 2, 2, 2, 0, 0, 2] :score= 84
[2, 2, 0, 2, 2, 2, 1, 2, 0, 1] :score= 85
[2, 2, 0, 1, 2, 2, 2, 2, 0, 2] :score= 88
[2, 1, 0, 2, 2, 2, 2, 2, 0, 2] :score= 89
[2, 2, 0, 2, 2, 2, 2, 0, 0, 2] :score= 90
[2, 2, 0, 2, 2, 2, 2, 0, 0, 2] :score= 100
最优解
```

```
[2, 2, 0, 2, 2, 2, 2, 2, 0, 2] :score=100

C:¥Users¥odaka¥ndl¥ch2>
```

通过上述方法找到的模式，可以通过观察其是否能适用于实验数据来评估其性能。下面用实验数据来检测在执行示例 2.1 和执行示例 2.2 中所求出的模式孰优孰劣。表 2.2 分别显示了两种模式对 10 组实验数据的预测结果以及与正确结果的比较。从表 2.2 中可以看出，从学习数据集学习的得分比较高的模式 B，对于检验数据集也显示出了比较优越的预测能力。

表 2.2　两种模式对 10 组实验数据的预测结果以及与正确结果的比较

实验数据编号	实验数据	模式A预测结果	模式B预测结果	正确结果
①	0 0 0 1 0 1 0 0 0 0	1	1	1
②	0 0 1 0 1 0 0 1 0 0	0	0	0
③	0 0 1 0 0 1 0 0 1 1	0	0	0
④	1 1 1 1 0 1 0 1 0 1	0	0	0
⑤	1 0 1 0 0 1 0 1 0 1	0	0	0
⑥	1 0 1 1 1 1 0 1 0 1	0	0	0
⑦	0 1 0 1 1 1 1 1 0 1	0	1	1
⑧	0 1 1 0 1 0 1 1 1 1	0	0	0
⑨	0 0 1 0 0 1 1 0 1 1	0	0	0
⑩	1 1 1 0 1 0 1 0 1 1	0	0	0

注：模式A为2202220202，模式B为2202222202。

2.2　强化学习

在 2.1 节中，通过监督学习基础示例的展示，了解了机器学习的基本流程。从本节开始，将通过分析另一种类型的机器学习示例，来了解强化学习的基础知识。本节的示例程序选择的是学习如何走出迷宫。

2.2.1　强化学习的概念

如第 1 章所述，强化学习是一种在一系列行动的最后给予优劣评估的学习方法。强化学习适用于通过游戏胜负来学习游戏策略等类型的知识。

在此，可以试着设想一下在学习环境为游戏的情况下如何推进机器学习。第 1 章介绍了 DQN 这种深度学习系统。DQN 是学习电视游戏（视频游戏）的系统。本小节将分析一下更容易理解的示例，即国际象棋、西洋跳棋或日本象棋等棋盘游戏的知识学习系统。

一种学习方法是计算机玩家每下一步棋，就从监督数据那里学到这一步棋的优劣评估。这属于监督学习的范畴。例如，以日本象棋为例，计算机玩家的每一次走步，都是根据系统所存储的知识来选择并移动棋子的。因此，监督数据会对计算机玩家的每一次走步给出类似于"这次走步是好棋"或"那次走步是坏棋"这样的评估。计算机玩家根据监督数据的建议来更新自己的知识，从而进一步推进系统对于游戏策略知识的学习（见图 2.9）。

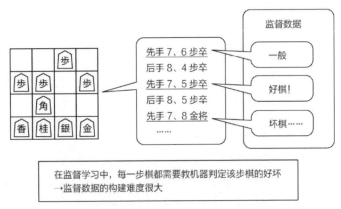

图 2.9　游戏策略知识的获取——监督学习的情况下

采用这种方法可以进行有效的学习，但实际上如何建构监督数据是一个大难题。国际象棋、西洋跳棋、日本象棋很难仅仅通过一步棋来评估走法的好坏。如果在监督学习中采用这种机器学习方法进行学习，就必须把以往的棋谱数据作为学习数据，同时需要提供监督数据以明确每步棋的好坏。建构学习所需的大量数据集已是一个很大的难题。此外，如果评估不准确，就无法作为监督数据。但实际上，在很多情况下，只看一步棋很难判断它的好坏。

综上所述，对游戏的每一步操作建立对应的监督数据是很困难的，因此，在监督学习的框架下，学习游戏策略知识实际上是一个很难的课题。

与此相对，在强化学习框架中，可以在一系列的操作结束后再对其进行评估，然后根据该评估来学习。在此，对游戏的整体操作进行评估是一个很简单的事，因为只需要看游戏的胜负就可以实现。在国际象棋和日本象棋等游戏中，最终的结果有以下三种。

- 自己赢（对方输）。
- 自己输（对方赢）。
- 平局。

因此，对自己所走的每步棋进行评估，可以根据游戏结果是赢、输或平局来确定。在强化学习中，可以利用一系列行动最终的评估值来学习走的每步棋，并且游戏的胜负通常作为明确的事实结果附加在以往的棋谱数据上，因此，与每走一步棋都构建监督数据相较而言，强化学习的学习数据更容易构建（见图 2.10）。

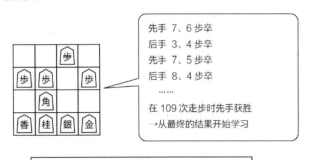

图 2.10　游戏知识的获取——强化学习的情况下

在强化学习中，一系列行动最后所得到的评估值被称为奖励（Reward）。以游戏为例，赢了就会获得正向奖励，输了就会获得负向奖励。当获得奖励时，会对在这个过程中所采取的多个行动分别分配奖励。

接下来看一个与游戏不同的强化学习示例，了解机器人是如何获取行动知识的。在此假设一个课题：一个双足行走的机器人是如何学习行走的。机器人的双足行走可以通过对脚等关节施加扭矩控制来实现。因此，如果通过传感器确认机器人在某一瞬间所处的状态，并将与其对应的转矩控制信号提供给关节附带的制动器，就可以使机器人行走起来。这里的转矩控制正好与游戏示例中每一步的选择具有相同的含义。

如果通过监督学习来获取转矩控制知识，就需要提供与各种状况对应的控制信号作为监督数据，并参照该数据进行控制知识的学习。和游戏示例的情况一样，这个方法可以进行高效率的学习，但是监督数据很难构建。

人类可以无意识地进行双足行走，但无法说清在何处以及如何给关节施加扭矩。而且要为不同的情况配置不同的学习数据集难度也很大。

再者，机器人示例与游戏示例不同，在获取行动知识时还必须考虑现实世界中产生的测量误差和噪声问题。如果将这些因素全部考虑在内，构建大规模的学习数据集更是难上加难。

因此，这里考虑通过强化学习来获取行动知识。首先，让机器人进行一定时间的适度活动，观察其是否能双足行走。在此基础上，根据双足行走的完成度给予奖励，以此来推进强化学习。通过让机器人不断地重复动作，很快就可以获得双足行走的行动知识。这种方法可以解决创建监督数据难度大的问题，同时也可以将噪声和误差问题吸收到强化学习的框架中，再对其进行解决。如果设置各种不同的环境条件，让机器人重复动作，就可以获得更强健的行动知识（见图 2.11）。

让机器人进行一定时间的适度活动，根据其动作结果给予奖励

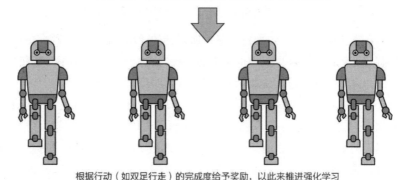

根据行动（如双足行走）的完成度给予奖励，以此来推进强化学习

既可以解决监督数据的构建问题，又可以将噪声和误差问题吸收到强化学习的框架中来解决

图 2.11　基于强化学习的机器人行动知识获取

2.2.2 Q 学习——强化学习的具体方法

作为实现强化学习的一种具体方法，在此介绍一下 Q 学习（Q-learning）。在第 1 章提及的 DQN 中也应用了 Q 学习，这是强化学习的一种具体的学习过程。

在 Q 学习的框架中，学习对象是被称为 Q 值（Q-value）的数值。Q 值是指在某种环境状态下，指导应当如何选择下一步行动指标的数值集合。通过 Q 学习获得 Q 值后，当处在某种环境状态下时，系统可以根据 Q 值来选择下一步行动。

例如，在棋盘游戏示例中，需要考虑在各种局面下如何选择下一步操作（见图 2.12）。当处于某种局面时，对于可供选择的招数，程序都会给出对应的 Q 值。

由此，机器根据 Q 值的大小来选出一个合适的 Q 值，并根据该 Q 值所对应的备选招数进行下一步操作。随着 Q 学习的推进，Q 值不断得到改善，不久后就可以根据各种环境状态下的 Q 值来选择更为合适的操作。一般将强化学习中的这种行动选择方针称为策略（Policy）。

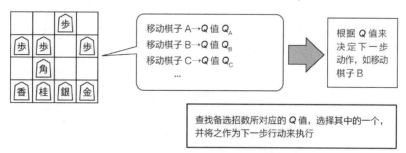

移动棋子 A→Q 值 Q_A
移动棋子 B→Q 值 Q_B
移动棋子 C→Q 值 Q_C
...

根据 Q 值来决定下一步动作，如移动棋子 B

查找备选招数所对应的 Q 值，选择其中的一个，并将之作为下一步行动来执行

图 2.12　基于 Q 值的行动选择（棋盘游戏示例）

在 Q 学习中，学习的目标是获得合适的 Q 值。在学习的初始阶段，无法明确什么才是合适的 Q 值。因此，在初始阶段，Q 值使用随机数随机而定。在此基础上，根据 Q 值来选择行动，并不断更新状态。

在 Q 学习初期，行动几乎都是随机选择的，因此行动的结果自然与计划目标相差甚远。例如，就机器人的行动来说，在学习的初期会胡乱地移动关节，或有时做出打滚的动作来（见图 2.13）。

初始状态下 Q 值为随机值→机器人行为与目标行为相差甚远

图 2.13　Q 学习的初始状态——基于随机 Q 值的行动选择

在多次的系列动作中，偶尔也会出现接近目标的系列动作。这时，作为这一系列动作的结果就可以获得奖励。在 Q 学习中，程序就会根据此时获得的奖励来更新 Q 值。也就是说，通过增加与获得奖励的动作相对应的 Q 值，以此来使该动作在之后更容易被选中（见图 2.14）。通过多次重复上述过程来推进强化学习。

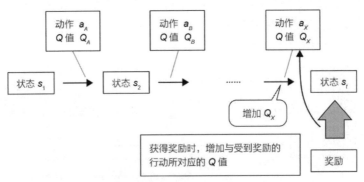

图 2.14　Q 学习的运作流程（1）

但是，如果仅凭上述方法，就只有得到奖励当前的那个动作的 Q 值得到了更新，而这一系列行动的其他动作的 Q 值仍然处于随机状态，无法得到更新。

因此，在做完一系列动作之后，对于没有立即获得奖励的其他动作，也采取以下方法对它们的 Q 值进行更新。每当机器人经过一次行动后会迁移到一种新的状态，这时在下一步备选动作所对应的 Q 值中选择最大的 Q 值，然后将与最大 Q 值成比例的值加在当前的 Q 值上（见图 2.15）。

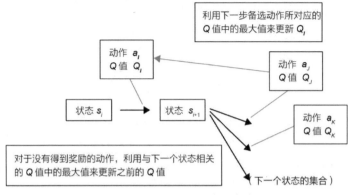

图 2.15　Q 学习的运作流程（2）

由此，与最终获得奖励的动作相关联的一整个系列的行动，就可以根据奖励依次给这一系列行动里的其他动作予以奖励。例如，在图 2.16 中，当第 1 次获得奖励时，只有当前的这个动作的 Q 值会增加。之后，随着奖励的增加，当前的这个动作的 Q 值累积得足够大时，就会使逆推上一个动作在被选择时，根据刚才所增加的 Q 值来增加 Q 值。通过多次重复这一过程，最终使获得奖励的这个系列行动里的每一个动作的 Q 值都能得到增加。

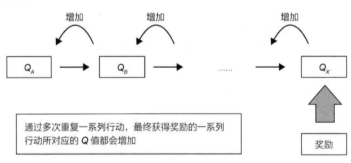

图 2.16　Q 学习完成之前

Q 值更新的计算公式具体如下。

$$Q(s_t, a_t) = Q(s_t, a_t) + \alpha(r + \gamma \max Q(s_{t+1}, a_{t+1}) - Q(s_t, a_t)) \quad （2.1）$$

其中，s_t 表示处于时刻 t 时的状态；a_t 表示在 s_t 下所选择的动作。此外，公式右边的符号表示含义如下。

$\max Q(s_{t+1}, a_{t+1})$：下一个时刻（$t+1$）的备选动作所对应的 Q 值中的最大值。

r：奖励（只有在得到奖励的情况下才有奖励值，没有得到奖励的情况下为 0）。

α：学习系数（0.1 左右）。

γ：折扣率（0.9 左右）。

在 Q 学习中，每次行动都用上述公式来更新 Q 值，以此来推进强化学习。公式的具体含义：左边表示需要更新的 Q 值；右边的第 2 项是指将在原来的 Q 值上新增加的值。第 2 项中的学习系数 α 是用于调节学习速度的常数，和系列行动整体相关；第 2 项中括号里的公式表示的是只在得到奖励时所加的奖励值 r，和与下一个备选动作所对应的 Q 值中的最大值成一定比例的值相加后，与原来的 Q 值相差的值。

上述关于 Q 学习的运作流程可以总结如下。

（1）用随机数将所有的 Q 值初始化。

（2）在学习达到饱和状态之前重复以下操作。

（2-1）返回到动作的初始状态。

（2-2）根据 Q 值从备选动作中确定下一个动作。

（2-3）执行动作后，根据公式（2.1）来更新 Q 值（Q 值的学习）。

（2-4）达到设定条件（目标状态或经过一定时间）后返回流程（2-1）。

（2-5）返回流程（2-2）。

流程（2-3）中的 Q 值的更新是根据公式（2.1）进行的，具体操作流程可以概括如下。

Q 值的更新流程（公式（2.1）的计算处理）：

（2-3-1）如果得到奖励，就把与奖励成比例的值加到 Q 值上。

（2-3-2）在下一个备选动作所对应的 Q 值中选择最大值，并将与最大值成比例的值添加到 Q 值上。

2.2.3　强化学习示例——穿越迷宫最优路径选择

下面根据示例的目标要求尝试构建一下 Q 学习程序。首先，示例设定如下。

通过强化学习获取穿越迷宫的知识。

假设现在有一个迷宫，如图 2.17 所示。从起点开始不断分叉，一直到达最后一层，就能获得与各个终点相对应的奖励。在上述环境条件下，通过学习获取可以获得最多奖励的路径选择知识。

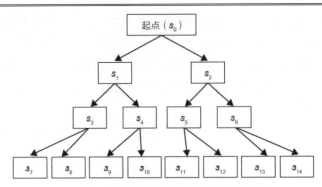

图 2.17　穿越迷宫最优路径选择示例

为了通过 Q 学习去解决上述示例中的问题，把目标具体明确为获取在各分叉点向哪个方向前进的动作选择知识。因此，为了学习与各个分叉点的选择动作相对应的 Q 值，Q 值设定如图 2.18 所示。

在这个示例中，可供选择的动作一共有 14 个，将这 14 个动作所对应的 Q 值名称分别设定为 Q_1~Q_{14}。

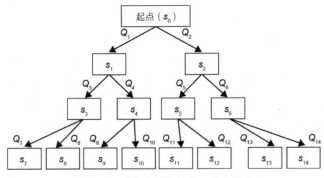

图 2.18　动作选择的基准 Q 值的设定

在 Q 学习中，Q 值的初始值是通过随机数来赋予的。用随机数将 Q 值初始化之后，根据 Q 值来选择动作，从而推进学习。

行动选择时虽然是优先选择 Q 值较大的行动，但是如果只选择 Q 值最大的行动，并不能顺利进行 Q 学习。因为如果只选择 Q 值最大的行动，那么在随机数配置的初始值中，偶然成为最大值的行动总是被选择，之后无论如何重复行动，其他行动都无法被选择。因此，这里需要好好思考一下 Q 值的选择方法。

例如，有一种方法是使用随机数，然后按一定比例来随机选择行动。这种方法称为贪婪策略（ε-greedy 算法）。具体来说，是先将 ε 适当地设定为 0~1 的常数。在选择行动时，先生成 0~1 的随机数，如果随机数值在 ε 值以下，则随机选择行动。如果随机数超过了 ε 值，则选择与最大 Q 值所对应的行动。

由此，便可以不依赖于 Q 值的初始值，而是可以针对各种情况去学习选择适当的 Q 值（见图 2.19）。

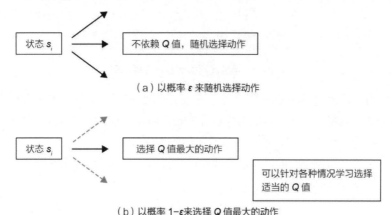

（a）以概率 ε 来随机选择动作

（b）以概率 1-ε 来选择 Q 值最大的动作

图 2.19 基于 ε-greedy 算法的行动选择

行动选择的方法，除了这里使用的 ε-greedy 算法以外，还有其他算法。例如，可以采用轮盘选择算法，这是一种使用与评估值成比例的概率进行选择的算法（关于轮盘选择算法，将在第 3 章中进行详细说明）。

在以上设定的基础上重复动作，可以较为顺利地推进 Q 学习。虽然在行动的初始状态下，Q 值是随机的，但通过前面所示的步骤反复行动后，就可以获得合适的 Q 值。举例说明，如果状态 s_{14} 给出的奖励最大，那么通过学习可以选择如图 2.20 所示的路径。

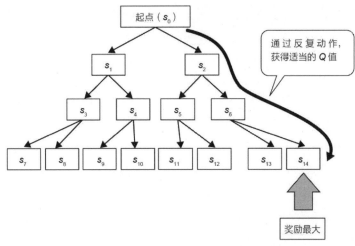

图 2.20　通过 Q 学习选择穿越迷宫的最优路径

2.2.4　强化学习的程序实现

根据上述准备，下面尝试构建一个基于 Q 学习的强化学习程序 qlearning.py。首先，需要考虑设置所需的数据结构，即把 Q 学习所需的 Q 值（$Q_1 \sim Q_{14}$）存储在列表中。存储 Q 值的列表 qvalue[]的初始化状态设置如下。

```
qvalue = [0 for i in range(NODENO)]      # Q值
```

其中，NODENO 是存储 Q 值节点数的全局变量。

其次，用于区分状态的变量 s 存储与 Q 值的列表 qvalue[]的下标相对应的值，并用整数显示迷宫中与各个 Q 值相对应的端口。在行动的初始状态下，s 为 0。

```
s = 0                # 行动的初始状态
```

下面分析如何实现程序处理流程。程序处理的主要内容是上文所述的 Q 学习的运作流程的 Python 脚本。因此，按照处理流程来思考如何编写程序脚本。

首先，处理流程（1）"用随机数将所有的 Q 值初始化"，具体程序可以编写如下。

```
# Q值的初始化
for i in range(NODENO):
    qvalue[i] = random.randint(0, 100)
```

接下来，处理流程（2）"在学习达到饱和状态之前重复以下操作"中的重复操作，在此可以使用 for 语句来重复预先设定的次数。

在机器学习进行具体处理时，首先在流程（2-1）中将状态恢复到动作的初始状态。这只需将变量 s 初始化为 0 即可。

然后，在流程（2-2）的动作选择中，调用 selecta() 函数。

```
# 动作选择
s = selecta(s, qvalue)
```

更新 Q 值时，调用 updateq() 函数。

```
# Q 值更新
qvalue[s] = updateq(s, qvalue)
```

至此，主要的处理流程就已基本完成。

最后，还需要考虑执行动作选择的 selecta() 函数和用于更新 Q 值的 updateq() 函数具体应该如何编写。首先，selecta() 函数在此可以使用 ε-greedy 算法，根据随机数随机选择或选择最大 Q 值。这个处理过程的具体程序可以编写如下。

```
# 基于 ε-greedy 算法选择动作
if random.random() < EPSILON:
    # 随机选择动作
    if(random.randint(0, 1) == 0):
        s = 2 * olds + 1
    else:
        s = 2 * olds + 2
    else:
    # 选择 Q 值最大值
    if (qvalue[2 * olds + 1]) > (qvalue[2 * olds + 2]):
        s = 2 * olds + 1
    else:
        s = 2 * olds + 2
```

上述程序中，random.random() 给出的是大于或等于 0 且小于 1 的实数随机数。因此，如果随机数的值小于 EPSILON，就随机选择动作。如果随机数的值大于或等于 EPSILON，就在备选动作中选择 Q 值最大的动作。

用于更新 Q 值的 updateq() 函数的处理内容是公式（2.1）所示的计算。如果获得奖励，假设奖励值为 1000，则新的 Q 值便可计算如下。此外，这里的全局变量 ALPHA 是学习系数。

```
qv = qvalue[s] + int(ALPHA * (1000 - qvalue[s]))
```

如果没有得到奖励，则 qv 值便计算如下。

```
qv = qvalue[s] + int(ALPHA * (GAMMA * qmax - qvalue[s]))
```

其中，qmax 是指下一个备选动作所对应的 Q 值中的最大值。此外，符号常数 GAMMA 是折扣率。

构建程序需要考虑程序的整体结构。在这里所示的处理步骤中，主要的处理内容是基于 Q 值选择动作和更新 Q 值。因此，用函数来实现这些处理。qlearning.py 程序的内部结构如图 2.21 所示，qlearning.py 程序使用了动作选择函数 selecta() 和 Q 值更新函数 updateq() 作为子函数。

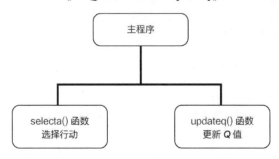

图 2.21　qlearning.py 程序的内部结构

通过上述准备，便完成了 qlearning.py 程序的构建。qlearning.py 程序具体内容如清单 2.3 所示。

清单 2.3　qlearning.py 程序

```
1  # -*- coding: utf-8 -*-
2  """
3  qlearning.py 程序
4  强化学习（Q 学习）的示例程序
5  学习探索迷宫
6  操作方法 c:\>python qlearning.py
7  """
8  # 导入模块
9  import math
10 import random
11
12 # 全局变量
13 GENMAX = 1000       # 学习的反复次数
14 NODENO = 15         # Q 值的节点数
15 ALPHA = 0.1         # 学习系数
```

```
16 GAMMA = 0.9          # 折扣率
17 EPSILON = 0.3        # 随机选择运作
18 SEED = 32767         # 随机数种子
19
20 # 子函数的定义
21 # selecta()函数
22 def selecta(olds, qvalue):
23   """选择运作"""
24   # 基于ε-greedy 算法选择运作
25   if random.random() < EPSILON:
26     # 随机运作
27     if(random.randint(0, 1) == 0):
28       s = 2 * olds + 1
29     else:
30       s = 2 * olds + 2
31   else:
32     # 选择 Q 值最大值
33     if (qvalue[2 * olds + 1]) > (qvalue[2 * olds + 2]):
34       s = 2 * olds + 1
35     else:
36       s = 2 * olds + 2
37   return s
38 # selecta()函数结束
39
40 # updateq()函数
41 def updateq(s, qvalue):
42   """更新 Q 值"""
43   if(s > 6):
44     # 最后一层的情况
45     if s == 14:
46       # 给予奖励
47       qv = qvalue[s] + int(ALPHA * (1000 - qvalue[s]))
48       # 增加奖励的节点
49       # 添加其他节点时
50       # 删除下面两行中的注释代码
51 #     elif s == 11:
52 #       qv = qvalue[s] + int(ALPHA * (500 - qvalue[s]))
53     else:
54       # 没有奖励
55       qv = qvalue[s]
56   # 最后一层以外的其他层
57   else:
58     if (qvalue[2 * s + 1]) > (qvalue[2 * s + 2]):
```

```
59        qmax = qvalue[2 * s + 1]
60      else:
61        qmax = qvalue[2 * s + 2]
62      qv = qvalue[s] + int(ALPHA * (GAMMA * qmax - qvalue[s]))
63    return qv
64  # updateq()函数结束
65
66  # 主程序
67  qvalue = [0 for i in range(NODENO)] # Q 值
68
69  # 随机数初始化
70  random.seed(SEED)
71
72  # Q 值初始化
73  for i in range(NODENO):
74      qvalue[i] = random.randint(0, 100)
75      print(qvalue)
76
77  # 学习的主要内容
78  for i in range(GENMAX):
79    s = 0              # 动作的初始状态
80    # 重复操作至最后一层
81    for t in range(3):
82      # 选择动作
83      s = selecta(s, qvalue)
84      # 更新 Q 值
85      qvalue[s] = updateq(s, qvalue)
86    # 输出 Q 值
87    print(qvalue)
88
89  # qlearning.py 结束
```

  qlearning.py 程序的主程序部分从程序清单 2.3 的第 66 行开始。第 73～75 行是 Q 值初始化，并输出结果。

  学习的主要内容由第 78~87 行的 for 语句构成。动作的重复次数由第 13 行的 GENMAX 设定。在 for 语句内部，第 83 行是通过 selecta()函数来选择动作的，并在此基础上使用第 85 行 updateq()函数来更新 Q 值。在一整个系列的动作结束后，再通过调用第 87 行的 print()函数来输出 Q 值。

  qlearning.py 程序的执行示例如执行示例 2.3 所示。该程序设置为只有到达第 14 个节点时才能获得奖励。此时，可以通过运行程序清单 2.3 所示的程序来获得结果。从执行示例中可以看出最初用随机数初始化的 $Q_1~Q_{14}$

值的逐渐改善过程。

执行示例 2.3　qlearning.py 程序的执行示例

```
C:¥Users¥odaka¥ndl¥ch2>python qlearning.py ── 依次输出 Q 值（Q₁~Q₁₄）
[88, 83, 35, 18, 54, 41, 45, 54, 100, 98, 13, 62, 39, 54, 15]
[88, 80, 35, 18, 57, 41, 45, 54, 100, 98, 13, 62, 39, 54, 15]
[88, 78, 35, 25, 57, 41, 45, 54, 100, 98, 13, 62, 39, 54, 15]
[88, 76, 35, 25, 60, 41, 45, 54, 100, 98, 13, 62, 39, 54, 15]
[88, 74, 35, 25, 62, 41, 45, 54, 100, 98, 13, 62, 39, 54, 15]
[88, 73, 35, 25, 64, 41, 45, 54, 100, 98, 13, 62, 39, 54, 15]
[88, 73, 35, 25, 64, 41, 45, 54, 100, 98, 13, 62, 39, 54, 113]
[88, 72, 35, 25, 66, 41, 45, 54, 100, 98, 13, 62, 39, 54, 113]
...
[88, 71, 784, 74, 79, 46, 882, 54, 100, 98, 13, 62, 39, 54, 991]
[88, 71, 784, 74, 79, 46, 882, 54, 100, 98, 13, 62, 39, 54, 991]
[88, 71, 784, 74, 79, 46, 882, 54, 100, 98, 13, 62, 39, 54, 991]
[88, 71, 784, 74, 79, 46, 882, 54, 100, 98, 13, 62, 39, 54, 991]
[88, 71, 784, 74, 79, 46, 882, 54, 100, 98, 13, 62, 39, 54, 991]
[88, 71, 784, 74, 79, 46, 882, 54, 100, 98, 13, 62, 39, 54, 991]
[88, 71, 784, 74, 79, 46, 882, 54, 100, 98, 13, 62, 39, 54, 991]

C:¥Users¥odaka¥ndl¥ch2>
```

如果将执行示例 2.3 的运行结果按时间顺序整理为图，可得如图 2.22 所示 Q 学习的学习过程。从图 2.22 可以看出，Q_{14} 的值逐渐增加。而且与在到达 Q_{14} 的过程中所选择的动作相对应的 Q_2 和 Q_6 的值也随着学习的推进不断增加。

图 2.23 展示的是另一种设置的学习过程，该设置除了第 14 个节点之外，在到达第 11 个节点时也设置了奖励。到达第 11 个节点时的奖励是第 14 个节点的一半奖励。因此，通过学习得到的 Q 值在 Q_{11} 和 Q_{14} 中也产生了一倍左右的差值。

如果想在这样的设置下运行 qlearning.py 程序，需要预先去掉程序中对第 51 行和第 52 行的注释后再运行程序（见图 2.24）。

在这种环境条件下，当到达第 11 个节点时，将获得到达第 14 个节点时的一半奖励。从图 2.23 中可以看出，Q 值的学习过程与奖励成正比。

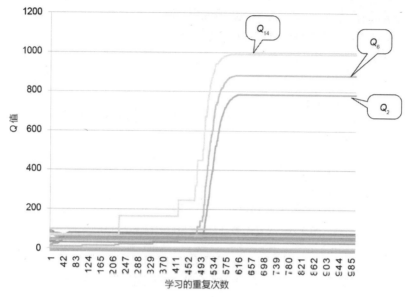

图 2.22　Q 学习的学习过程（1）

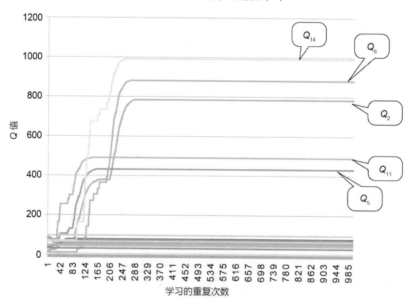

图 2.23　Q 学习的学习过程（2）

如果想在第 14 个节点之外，即在到达第 11 个节点时也设置
奖励，需要删除第 51 行和第 52 行的注释代码

```
50      # 删除下面两个注释代码前的字符#
51 #   elif s == 11:
52 #      qv = qvalue[s] + int(ALPHA * (500 - qvalue[s]))
```

```
50      # 变更后的代码
51      elif s == 11:
52         qv = qvalue[s] + int(ALPHA * (500 - qvalue[s]))
```

图 2.24　在两个节点设置奖励时的程序变更方法

　　另外，在进行如图 2.24 所示的变更时，注意：只能删除注释代码前的字符#，不能删除该字符后面的空格。在 Python 中，空格的缩进具有重要的意义，如果删除了看似多余的空格，程序在运行时就会发生错误。

第 **3** 章

群智能与优化方法

本章主要介绍从生物中受到启发的机器学习方法。首先介绍模拟生物群体的群智能；其次展示如何将生物的进化特征应用于机器学习的优化方法。

本节提出了一种以粒子群优化算法和蚁群优化算法为代表的群智能优化算法，并以蚁群优化算法为例，展示全局最优化搜索方法的具体实现过程。

3.1.1 粒子群优化算法

如第 1 章所述，基于群智能的机器学习是通过模拟生物群的行为来优化学习的。例如，粒子群优化算法是通过模拟鱼、鸟等生物群的捕食行为而设计的，用以寻找搜索空间内的最优解。

下面以基于粒子群优化算法的知识获取方法为例，来分析和说明该方法的正确性和有效性。在此假设搜索空间是二维平面，平面上的每个点表示搜索时的状态。在这个平面中，让粒子（Particle）模拟鱼的游动或鸟的飞行，并在这个空间内移动。粒子不断地在平面中移动，就可以计算出移动路径上各点的评估值（见图 3.1）。

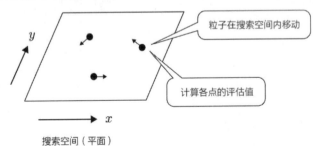

搜索空间（平面）

图 3.1　在粒子群优化算法中粒子在搜索空间内移动

同时，赋予粒子记忆功能，特别是让粒子记住在过去所获得的评估值和当时在搜索空间内的坐标值。这样就可以获取粒子所找出的最优值及其相应的位置。

如果准备多个粒子，让这群粒子在搜索空间内随机移动，就可以实现随机搜索。粒子群优化算法不是单纯地让粒子随机移动，而是让粒子带有一定的方向性来进行移动。

粒子群优化算法中粒子运动的条件如下。

（1）单个粒子参照自身过去的记忆，向历史最优评估值的位置周边移动。

（2）粒子群整体向历史最优评估值的位置周边移动。

上述条件可以用图 3.2 表示。在图 3.2 中，单个粒子以自身记忆中评估最高的位置为目标来进行移动。同时，通过共享整个群体的记忆，整个粒子群以群体记忆中评估最高的位置为目标来进行移动。

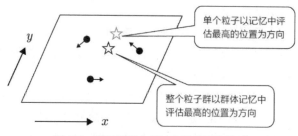

图 3.2　粒子群优化算法中粒子群的运动

为了实现这一点，粒子群优化算法将单个粒子设定为一个数据结构，参数设定如表 3.1 所示。粒子将存储自身现在的位置、速度和评估值，并记住历史最佳位置及其相对应的评估值。

表 3.1　粒子群优化算法中粒子的设计

项　　目	说　　明
现在的位置	搜索空间中粒子的坐标
现在的速度	粒子现在的速度
现在的评估值	现在位置相对应的评估值
历史最佳位置	自身记忆中评估最高的位置坐标
历史最优适应度	过去最佳位置相对应的评估值

粒子群优化算法使用多个具有表 3.1 所示的数据结构的粒子，让粒子群在搜索空间内进行搜索，并且让粒子按照图 3.2 所示的方式进行运动来高效地寻找最优解。

3.1.2　蚁群优化算法

本小节主要对另一个典型的群智能应用示例，即在第 1 章中提及的蚁群优化算法来进行具体说明。蚁群优化算法旨在求出围绕多个地点的最短访问距离，具有优越的性能，广泛用于解决"旅行商问题"。

如第 1 章所述，蚁群优化算法的原理是基于蚁群寻求巢穴和食物点之间的最短距离的行为来进行模拟的。如图 3.3 所示，假设巢穴和食物点之间有多条距离不同的路径。蚂蚁无法从全局上判断哪条路线才是捷径，因此，在一开始，蚂蚁会随机选择路径进行移动。移动时，蚂蚁一边分泌一种被称为信息素的化学物质，一边进行移动。这种信息素具有吸引同类的作用，使蚂蚁更容易辨别过去其他蚂蚁途经的路径。信息素在路径上不断地积累，但该信息素具有挥发性，会随着时间的推移逐渐蒸发。在图 3.3 中，在有多条距离不同的路径可供选择的情况下，如果是距离较远的路径，往返会更耗时，返回时路径上的信息素就已蒸发。而在距离较短的路径上，因为往来更频繁，信息素就更容易累积。

蚂蚁在选择路径时会受到信息素浓度的影响。因此，初始随机的路径选择会逐渐偏向信息素浓度更高的最短路径，而最短路径的信息素浓度也会随之增高。如此一来，蚁群就得以获知距离最短的最优路径。

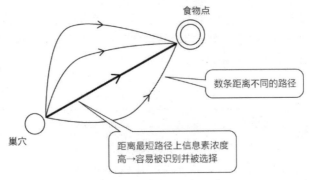

图 3.3　蚁群优化算法原理

那么，如何将上述蚁群优化算法的原理应用于具体的程序设计呢？首先，设定巢穴和食物点之间的距离。其次，在各条路径上分别设定信息素浓度值。最后，让蚁群在巢穴和食物点之间来回移动。

在初始状态下，将路径上的信息素浓度设为 0。因此，蚂蚁将随机选择从巢穴前往食物点的路径。每只蚂蚁的移动距离根据所选路径的不同而有所差别。

当所有蚂蚁都到达食物点后，对所有路径上的信息素浓度值进行更新。移动距离越短，信息素浓度值越高。在此，将移动距离的倒数相关值（如移动距离倒数的平方值）乘以适当的系数 Q 后的所得值与各路径对应的信息素浓度值进行累加。通过以上处理，便完成了蚁群的第 1 次移动（见图 3.4）。

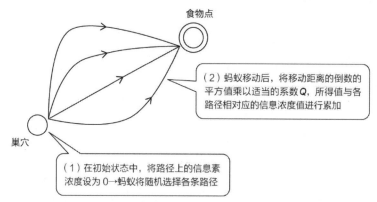

图 3.4　初始状态（各路径的信息素浓度为 0）中蚁群的移动

　　蚁群在第 2 次移动时，开始考虑根据信息素的浓度来选择路径。原则上，优先选择信息素浓度高的路径。但是，如果仅凭这一原则，第 1 次移动中信息素浓度偶然变高的路径一定会被优先选择，而其他路径则会被忽略。因此，为了避免这种偶然性，需要导入类强化学习中的贪婪算法 ε-greedy 来进行概率计算。这样可以确保信息素浓度不高的路径也会有机会被选择（见图 3.5）。

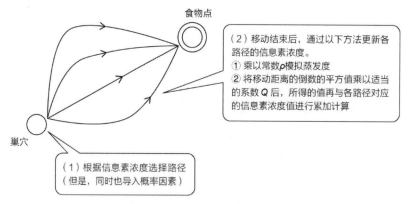

图 3.5　第 2 次移动之后的蚁群

　　等到所有个体的移动都结束后，与第 1 次移动一样，更新各路径的信息素浓度。首先，为了模拟第 1 次移动的信息素蒸发，将与各路径对应的信息素浓度乘以适当的常数 ρ。ρ 是小于 1 的常数，表示蒸发度。然后，与第 1 次移动相同，将移动距离的倒数的平方值乘以适当的系数 Q 后，所得的值再与各路径对应的信息素浓度值进行累加计算。这样，移动距离短的路径上就会覆盖更多的信息素。

第 3 次移动之后和第 2 次移动一样，让蚂蚁选择行动，并更新信息素浓度。通过多次重复这一过程，更短路径的信息素浓度就会提高。

在此，将上述操作处理总结，可知蚁群优化算法的学习流程如下。

（1）设定路径，将所有路径的信息素浓度初始化为 0。

（2）以适当的次数重复以下操作。

（2-1）通过以下方法，让所有的蚂蚁从巢穴移动到食物点。

（2-1-1）通过概率 ε 随机选择路径。

（2-1-2）通过概率（1-ε）根据信息素浓度选择路径。

（2-2）通过以下方法，结合各个体的移动距离更新路径上的信息素浓度。

（2-2-1）将信息素浓度乘以常数 ρ，从而使信息素蒸发。

（2-2-2）求出各个体的移动距离 l_m，在与个体选择的路径对应的信息素浓度上加上以下值。

$$Q \times (1/l_m^2)$$

3.1.3　蚁群优化算法的应用

下面通过具体的示例来展示如何构建蚁群优化算法程序。

首先，示例设定如下。

<示例>通过蚁群优化算法获取行动知识。

如图 3.6 所示，假设有一处地形，巢穴和食物点之间有 9 个中间分支点。所有的分支都是朝两个方向分支，每个分支的路径都有一定的距离。要求使用蚁群优化算法获取巢穴到食物点的最短路径知识。

下面分析如何构建程序以解决图 3.6 中的示例问题。首先，需要构建所需的数据结构。为了在示例中应用蚁群优化算法，需要将连接中间点的每条路径的长度都定义为变量，并且，需要对各个路径的信息素浓度进行定义。

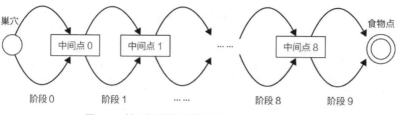

图 3.6 基于蚁群优化算法获取行动知识的示例

因此,将存储路径长度的列表 cost[][]和存储与各条路径对应的信息素浓度的列表 pheromone[][]作为变量来使用（见图 3.7）。在每个列表中,第 1 个下标用 0 或 1 表示两个分支的方向,向上的分支用 0 表示,向下的分支用 1 表示。第 2 个下标表示阶段的编号。

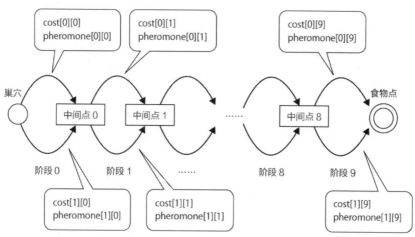

图 3.7 存储路径长度的列表 cost[][]和存储与各个路径对应的信息素浓度的列表
       pheromone[][]的数据表示方法

在蚁群优化算法中,在更新信息素时,需要记录各个体的移动路径。因此,为了记录所有蚂蚁从巢穴到食物点的移动路径,设置了列表 mstep[][]。列表 mstep[][]存储的是蚁群从巢穴移动到食物点的历史记录。其中,mstep[][]的第 1 个下标是区分蚂蚁个体的编号;第 2 个下标以 0 或 1 表示每个阶段中的分支方向。存储蚁群从巢穴到食物点的行动记录的 mstep[][]的数据表示方法如图 3.8 所示。

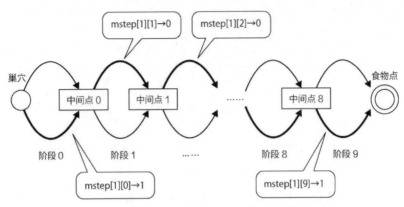

（a）蚂蚁 1 所选择的路径（粗线）和 mstep[][] 对应的数据表示方法

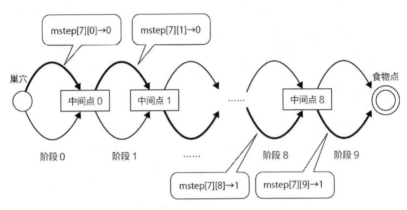

（b）蚂蚁 7 所选择的路径（粗线）和 mstep[][] 对应的数据表示方法

图 3.8　存储蚁群从巢穴到食物点的行动记录的 mstep[][] 的数据表示方法

在图 3.8 中，向上的分支用 0 表示，向下的分支用 1 表示。在图 3.8（a）中，表示蚂蚁 1 在第 1 步的阶段 0 中向下（1 的方向）移动。在第 2 步的阶段 1 中，表示蚂蚁 1 向上（0 的方向）移动。同样，在图 3.8（b）中，蚂蚁 7 表示第 1 步向上（0 的方向）移动，第 2 步也向相同方向——向上移动。

接下来，分析上述的程序在处理具体情况时应该如何编写和实现。这里，还是按照上文所示的"蚁群优化算法的学习流程"的操作步骤来编写程序。

在流程（1）中设置路径，将所有路径的信息素浓度初始化为 0。对每个列表进行初始化处理的程序代码可以编写如下。另外，在各阶段的路径中，短的路径长度全部设为 1，长的路径长度全部设为 5。此值可以根据问题的条件任意设置。

```
cost = [[1, 1, 1, 1, 1, 1, 1, 1, 1, 1],
    [5, 5, 5, 5, 5, 5, 5, 5, 5, 5]]          # 各阶段的路径长度
pheromone =  [[0.0 for i in range(STEP)]
      for j in range(2)]                # 各阶段的信息素深度
```

接下来，分析流程（2）中的"重复"操作程序如何实现。首先将流程（2-1）中的"让所有的蚂蚁从巢穴移动到食物点"的处理和流程（2-2）中的"更新信息素浓度"的处理分别设置为独立的函数。

与流程（2-1）对应的函数设置为 walk() 函数。在 walk() 函数内部，设置两种处理方式，分别是随机选择路径（2-1-1）和根据信息素浓度选择路径（2-1-2），以供选择调用。使用可以提供 0 ~ 1 的随机数的 random.random() 函数，这个处理过程具体程序编写如下。这里的全局变量 EPSILON 是指在随机行动时的选择概率。

```
# 基于 ε-greedy 算法的行动选择
if ( (random.random() < EPSILON)
    or (abs(pheromone[0][s] - pheromone[1][s]) < 0.1)
    ):
    # 随机行动
    mstep[m][s]= random.randint(0, 1)
else:
    # 根据信息素浓度的选择
    if pheromone[0][s] > pheromone[1][s]:
        mstep[m][s] = 0
    else:
        mstep[m][s] = 1
```

与流程（2-2）对应的函数设置为 update() 函数。首先，通过将信息素浓度乘以常数 ρ（全局变量 RHO）来模拟信息素蒸发。此操作与前面的流程（2-2-1）相对应。

```
# 信息素的蒸发
for i in range(2):
    for j in range(STEP):
        pheromone[i][j] *= RHO
```

接下来，按照流程（2-2-2），根据蚂蚁的移动来更新信息素浓度。首先，根据蚂蚁个体 m 的行动记录来计算移动距离 l_m。

```
# 计算蚂蚁个体 m 的移动距离 lm
```

```
lm=0.0
for i in range(STEP):
    lm += cost[mstep[m][i]][i]
```

然后，将 l_m 的倒数的平方乘以系数 Q，所得的值再与列表 pheromone[][] 中的相对应的值相加。

```
# 更新信息素
for i in range(STEP):
    pheromone[mstep[m][i]][i] += Q * (1.0 / (lm * lm))
```

以上简要地说明了处理程序的编写方法。将这些处理程序按图 3.9 所示的结构组建起来，就基本完成了蚁群优化算法 aco.py 程序的构建。

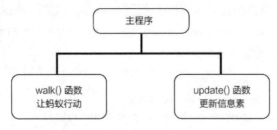

图 3.9　蚁群优化算法 aco.py 程序的内部结构

根据图 3.9 所构建的 aco.py 程序的具体内容如清单 3.1 所示。

清单 3.1　aco.py 程序

```
1  # -*- coding: utf-8 -*-
2  """
3  aco.py 程序
4  蚁群优化算法（aco）示例程序
5  通过 aco 学习最优值
6  操作方法 c:¥>python aco.py
7  """
8  # 导入模块
9  import math
10 import random
11
12 # 全局变量
13 NOA = 20                # 蚂蚁个数
14 ILIMIT = 50             # 重复次数
15 Q = 3                   # 信息素更新常量
16 RHO = 0.8               # 信息素蒸发常数
```

```
17 STEP = 10                 # 路径阶段
18 EPSILON = 0.15            # 决定行动选择的随机性
19 SEED = 32767             # 随机数种子
20
21 # 子函数的定义
22 # update()函数
23 def update(cost, pheromone, mstep):
24   """更新信息素"""
25   sum_lm = 0.0            # 蚂蚁移动的总距离
26   # 信息素蒸发
27   for i in range(2):
28     for j in range(STEP):
29       pheromone[i][j] *= RHO
30
31   # 蚂蚁更新信息素
32   for m in range(NOA):
33     # 计算个体 m 的移动距离 lm
34     lm = 0.0
35     for i in range(STEP):
36       lm += cost[mstep[m][i]][i]
37     # 更新信息素
38     for i in range(STEP):
39       pheromone[mstep[m][i]][i] += Q * (1.0 / (lm * lm))
40     sum_lm += lm
41   # 输出蚂蚁移动的平均距离
42   print(sum_lm / NOA)
43   return
44 # update()函数结束
45
46 # walk()函数
47 def walk(cost, pheromone, mstep):
48   """让蚂蚁移动"""
49   for m in range(NOA):
50     for s in range(STEP):
51       # 基于 ε-greedy 算法选择行动
52       if ( (random.random() < EPSILON)
53         or (abs(pheromone[0][s] - pheromone[1][s]) < 0.1)
54         ):
55         # 随机行动
56         mstep[m][s] = random.randint(0, 1)
57       else:
58         # 根据信息素浓度选择行动
59         if pheromone[0][s] > pheromone[1][s]:
```

```
60            mstep[m][s] = 0
61        else:
62            mstep[m][s] = 1
63    # 输出蚂蚁的移动
64    print(mstep)
65    return
66 # walk()函数结束
67
68 # 主程序
69 cost = [[1, 1, 1, 1, 1, 1, 1, 1, 1, 1],
70     [5, 5, 5, 5, 5, 5, 5, 5, 5, 5]]        # 各阶段路径长度
71 pheromone = [[0.0 for i in range(STEP)]
72     for j in range(2)]                      # 各阶段信息素量
73          mstep = [[0 for i in range(STEP)]
74     for j in range(NOA)]                    # 蚂蚁移动过程
75
76 # 随机数初始化
77 random.seed(SEED)
78
79 # 优化的主要内容
80 for i in range(ILIMIT):
81    # 输出信息素状态
82    print(i)
83    print(pheromone)
84    # 让蚂蚁活动
85    walk(cost, pheromone, mstep)
86    # 更新信息素
87    update(cost, pheromone, mstep)
88 # 输出信息素状态
89 print(i)
90 print(pheromone)
91 # aco.py 结束
```

下面简要说明 aco.py 程序的主要内容。在主程序部分，在 68 ~ 74 行中设置了所需要的变量。优化处理的主要内容由 80 ~ 87 行的 for 语句重复执行。重复次数由第 14 行中的 ILIMIT 全局变量来确定。在优化处理的反复操作中，通过调用 walk()函数让蚂蚁移动，通过调用 update()函数来更新信息素。

walk()函数从程序清单的第 46 行开始，主要负责让蚂蚁移动。其中，从第 49 行开始的 for 语句用于操控所有的蚂蚁从巢穴爬到食物点。第 50 行开始的 for 语句用于移动每个个体，在每个阶段中，使用随机数来选择

随机行动或选择根据信息素浓度而行动。

负责更新信息素浓度的 update() 函数（第 22 ~ 43 行）中，从第 26 行开始用于信息素蒸发处理，从第 31 行开始用于信息素更新处理。后者在第 34 ~ 36 行计算每个个体的移动距离，在第 38 ~ 39 行将移动距离的倒数的平方乘以常数 Q，然后将所得值覆盖在路径上的信息素值上。

aco.py 程序的具体运行情况如执行示例 3.1 所示。重复次数与蚂蚁平均移动距离之间的关系如图 3.10 所示。从图 3.10 中可以看出，随着反复操作可以获取优质的行动知识，蚁群的平均移动距离也逐渐变小。

执行示例 3.1 aco.py 程序的执行示例

C:\Users\odaka\nd1\ch3>python aco.py　　在初始状态下，所有路径上的信息素浓度初始化为 0
0　　第 0 次（初始状态）

[[0.0, 0.0, 0.0, 0.0, 0.0, 0.0, 0.0, 0.0, 0.0, 0.0], [0.0, 0.0, 0.0, 0.0, 0.0, 0 .0, 0.0, 0.0, 0.0, 0.0]]

[[1, 1, 0, 1, 1, 1, 0, 0, 1, 0], [1, 0, 1, 0, 0, 1, 0, 0, 0], [1, 1, 0, 1, 1, 0, 1, 0, 1], [0, 1, 1, 1, 0, 1, 0, 1, 0, 1], [1, 0, 0, 0, 1, 0, 0, 1, 0, 1], [0, 0, 0, 0, 1, 1, 0, 1, 0, 1], [0, 0, 0, 0, 1, 0, 1, 1, 1, 0, 1], [1, 0, 0, 1, 1], [0, 1, 1, 0, 0, 1, 1, 1, 1, 1], [0, 0, 0, 0, 1, 1, 1, 1, 0, 1], [1, 1, 0, 0, 0, 0, 0, 0, 0, 1], [0, 0, 0, 0, 0, 1, 1, 1, 1, 0], [1, 0, 1, 0, 0, 1, 0, 0, 0, 0], [1, 0, 1, 0, 0, 0, 1, 1, 1], [0, 1, 0, 0, 1, 0, 0, 1, 1, 1], [0, 1, 0, 0, 0, 1, 0, 1, 0, 1], [1, 1, 1, 1, 1, 0, 0, 1, 0, 0]]

29.2　　蚂蚁的平均移动距离为 29.2　　所有的信息素浓度均为 0，因此蚂蚁的举动相对随机（每个个体，各阶段的路径 0 和路径 1 的选择几率基本均等）
1　　第 1 次

[[0.03455103347626711, 0.04952861942827657, 0.05088089123513907, 0.04925876136351444, 0.03991470215931538, 0.03396409036958799, 0.04025893827742498, 0.04101923864846725, 0.057314086556304246, 0.03423394843435011], [0.04223999980389581, 0.027262413851886352, 0.02591014204502385, 0.027532271916648476, 0.036876331120847546, 0.042826942910574935, 0.03653209500273794, 0.03577179463169567, 0.019476946723858676, 0.04255708484581281]]

信息素浓度都是从 0 开始更新，但没有明显的偏差

[[1, 0, 1, 0, 1, 0, 0, 1, 1, 0], [0, 1, 1, 0, 1, 0, 0, 1, 1, 0], [1, 0, 0, 1, 0, 0, 1, 1, 1, 0], [1, 0, 0, 0, 1, 0, 0, 1, 0, 0], [0, 0, 1, 1, 0, 0, 0, 0, 0, 1], [1, 0, 1, 1, 1, 1, 1, 1, 1, 1], [0, 1, 0, 1, 1, 1, 0, 1, 0, 0], [1, 1, 1, 0, 1, 1, 1, 0, 1], [1, 0, 0, 1, 1, 0, 0, 1, 1, 1], [1, 0, 0, 0, 0, 0, 0, 1, 1, 0], [1, 1, 0, 1, 1, 0, 1, 0, 0, 1], [1, 1, 1, 1, 0, 0, 0, 1, 0], [0, 1, 0, 1, 1,

1, 0, 0, 0, 0], [0, 1, 0, 0, 0, 0, 1, 1, 0, 0], [0, 0, 0, 1, 1, 0, 0, 1, 0, 1], [0, 0, 0, 1, 1, 1, 1, 0, 0, 0], [0, 0, 1, 0, 1, 0, 1, 1, 1, 0], [1, 1, 1, 1, 0, 0, 1, 0, 1, 0], [1, 0, 1, 1, 1, 0, 1, 0, 0, 0], [0, 1, 1, 0, 0, 1, 1, 0, 0]]

蚂蚁的平均移动距离为 29.8

29.8

2 第2次

[[0.06778900028583056, 0.08392234154629032, 0.08520851948722347, 0.07414060050771965, 0.060893161914927454, 0.08810827411594778, 0.07508882724942757, 0.061447136028642865, 0.09145961223330748, 0.08522429857992563], [0.06990835078517126, 0.05377500952471148, 0.05248883158377833, 0.06355675056328215, 0.07680418915607434, 0.04958907695505402, 0.06260852382157422, 0.07625021504235893, 0.04623773883769431, 0.05247305249107616]]

······（后续持续输出）

距离较短的路径上信息素浓度略微升高

距离较短的路径上信息素浓度明显升高

49 第 49 次

[[1.9588655535605395, 1.9993929443409078, 1.989870884054279, 1.986497186403979, 1.982808249862054, 1.9834711708291621, 1.9864616832979345, 1.9938602206988083, 1.9877797186583477, 1.9842115237470777], [0.11432805438948597, 0.07380066360911754, 0.08332272389574659, 0.08669642154604632, 0.09038535808797152, 0.08972243712086314, 0.08673192465209116, 0.07933338725121715, 0.08541388929167772, 0.08898208420294787]]
[[0, 0, 0, 0, 0, 0, 0, 0, 0, 0], [0, 0, 0, 0, 0, 0, 0, 0, 0, 0], [0, 0, 0, 0, 0, 0, 0, 0, 0, 1], [0, 0, 1, 0, 0, 0, 0, 0, 0, 0], [0, 0, 0, 0, 0, 0, 0, 0, 0, 0], [0, 0, 0, 0, 0, 0, 1, 0, 0, 1], [0, 0, 0, 0, 0, 0, 0, 0, 0, 0], [0, 0, 1, 0, 0, 0, 0, 0, 0], [0, 0, 0, 1, 0, 0, 0, 0, 1, 0], [1, 0, 0, 0, 0, 0, 0, 0, 0, 0], [0, 0, 0, 0, 0, 1, 0, 0, 0, 1], [0, 0, 0, 0, 0, 0, 0, 0, 1], [0, 0, 0, 1, 0, 0, 0, 0, 0, 0], [0, 0, 0, 0, 0, 0, 0, 0, 0, 0], [1, 0, 0, 0, 0, 0, 0, 0, 0, 0], [0, 1, 0, 0, 0, 0, 0, 0, 0, 0], [0, 0, 0, 0, 0, 0, 0, 0, 1, 0], [0, 0, 0, 0, 0, 0, 0, 0, 0, 0], [0, 0, 0, 0, 0, 0, 0, 0, 0, 0], [0, 0, 1, 0, 0, 0, 0, 0, 0, 0]]

13.2

蚂蚁平均移动距离为 13.2，明显缩短

对于几乎所有的个体和步骤，优先选择距离较短的路径(以 0 表示)

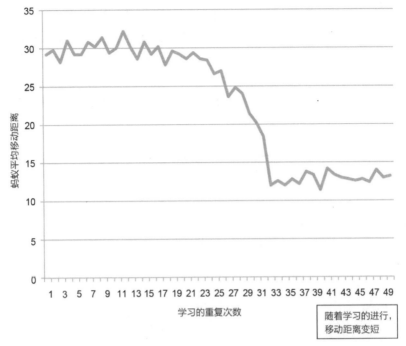

図 3.10　学习的重复次数与蚂蚁平均移动距离之间的关系

3.2　优化方法

下面讲解优化方法的基本概念。

3.2.1　优化方法的基础概念

　　所谓的进化计算，是指优化方法，正如在第 1 章中所述，是一种模拟生物进化的机器学习方法。在此，以进化计算的经典方法——遗传算法为例，具体说明其中的原理。

　　在遗传算法中，通常用字符串排列而成的染色体（Chromosome）来表示知识获取的目标信息。例如，在第 2 章中提及的股价预测知识，是用 0 和 1 组成的字符串来表示预测 X 公司股价的线索模式（前一天 A 公司至 J 公司的股价动向）。在使用遗传算法时，这些字符串组成的模式便作为染色体来操作。

　　同样，本章前半部分蚁群优化算法中列举的示例，在各分支中用来表

· 73 ·

示向上或向下移动的 0 或 1 排列的字符串也是一种染色体。

染色体所表达的具体含义随着知识获取的目标的不同而不同。通常，将符号串组成的染色体数据称为基因型（geno type），将染色体解释为具体知识的数据称为表现型（pheno type）。知识能否合理地表达为基因型直接关系到遗传算法的学习性能，因此，需要在每个问题上都仔细设计（见图 3.11）。

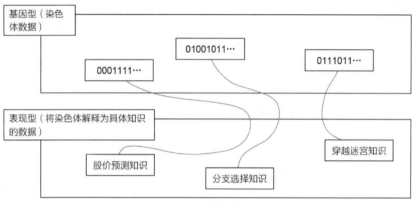

图 3.11　基因型和表现型

如果将获取目标的信息用染色体来表示，通过对染色体进行遗传操作，可以获得更优质的染色体。遗传操作有交叉（crossover）、变异（mutation）和选择（selection）等多种方法。

交叉是一种将两个亲本染色体组合起来制作子代染色体的遗传操作方法。例如，假设选择了两个亲本染色体，这两个染色体就会生成两个子代染色体，具体如图 3.12 所示。在一个地方交叉的操作称为单点交叉（one point crossover）。交叉方法除了单点交叉以外，还有在两个地方进行交叉操作的两点交叉（two point crossover），以及以一定的概率交换基因座的均匀交叉（uniform crossover）等方法。

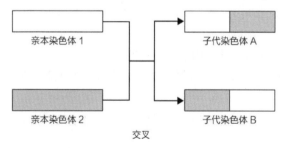

图 3.12　交叉（单点交叉）示例

变异是一种随机改写染色体信息的操作。例如，在图 3.13 中，以一定概率选择染色体的基因座，并使该基因座发生 0/1 反转。此操作称为翻转（flip bit）变异。变异操作有替换基因座信息、对多个基因座进行操作等多种方法。

图 3.13　变异示例（翻转）

选择是指根据染色体的适应度来筛选染色体的操作。基本上，通过选择适应度值高的染色体来繁殖后代，染色体群就会进化。但是，如果总是只选择适应度值高的染色体，就会丧失遗传信息的多样性。如果没有信息的多样性，就无法进行全局搜索，拘泥于局部解的风险会增加。因此，不能只是选择适应度值高的染色体，还应该导入 ε-greedy 等算法进行概率筛选。

其中，一种方法是轮盘选择算法（roulette wheel selection）。在轮盘选择算法中，使用轮盘来选择染色体。在普通的轮盘游戏中，球所掉入的球槽的面积是均等的。但是，在轮盘选择算法中所使用的轮盘，球所掉入的球槽的面积设置为与应选的染色体的适应度值成正比。这样，选择适应度值高的染色体的可能性就会变高，同时对于适应度值低的染色体而言，虽然概率较低，但还是存在被选择的可能性。

如图 3.14 所示，由于染色体 2 的适应度值较高，因此与染色体 2 对应的球槽 2 的面积就比较大。相反，与适应度值低的染色体 3 对应的球槽 3 的面积就比较小。使用这个轮盘进行选择时，球掉进球槽 2 的可能性就比较高，从结果来说，染色体 2 被选择的概率也会变高。但是，染色体 3 也存在被选择的概率，这样就可以维持染色体信息的多样性。

总而言之，遗传算法是通过使用上述遗传操作，按照下面的流程来推进学习的。

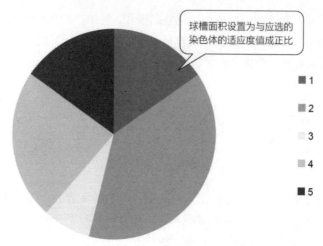

图 3.14　轮盘选择算法中轮盘的结构

（1）将染色体群随机初始化。

（2）以适当的次数重复以下操作。

　　（2-1）以适当的次数重复以下操作，直至产生适当个数的下一代染色体群。

　　　　（2-1-1）通过轮盘选择算法等方法选择亲本染色体。

　　　　（2-1-2）实施单点交叉等。

　　（2-2）以适当次数重复以下操作。

　　　　（2-2-1）以一定概率选出基因座。

　　　　（2-2-2）实施变异操作（翻转变异等）。

　　（2-3）通过轮盘选择算法，选择与亲本染色体数量相同的子代染色体群。

3.2.2　构建遗传算法

　　下面通过设定示例来分析如何构建具体的遗传算法程序来解决实际问题。

　　请对下面由 30 件行李构成的背包问题求出最优解。其中，背包问题的具体内容设定如图 3.15 所示。

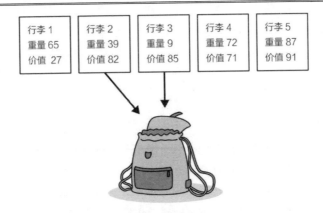

① 每件行李都有一定的轻重（重量）和价格（价值）

② 挑出数件，装进有重量限制的背包里，要求寻找总价值最大的组合

图 3.15　背包问题

　　假设现在有多件行李。每件行李都有一定的轻重（重量）和价格（价值）。要从这些行李中挑出一部分行李塞进背包里。此时，因为背包有重量限制，所以行李的总重量必须在一定值以下。请在此条件下尽可能挑出总价值最高的行李组合。

　　首先，需要考虑染色体的表示方法。在背包问题中，用 0/1 来表示把哪件行李装进背包，是一种最直接的方法。因此先按照行李的个数备好 0/1，将与装入背包的行李对应的基因座设为 1，没装入背包的行李对应的基因座设为 0。例如，在图 3.15 中，5 件行李中只有第 2 件和第 3 件行李装入背包中。此时，染色体就可以表示为 01100。

　　染色体的适应度是基于装在背包里的行李的价值的总和来计算的。但是，如果超过背包的上限重量，价值就计为 0。例如，假设图 3.15 中的背包的上限重量为 100。此时，装着第 2 件和第 3 件行李的背包所对应的染色体 01100，其价值就可以计算如下。

染色体 `01100`

价值如下

82+85=167

重量如下

39+9=48

　　重量总值为 48，由于总重量在上限重量以下，所以总价值 167 可以直接作为染色体的适应度值。

但是，如果假设将图 3.15 的所有行李都装入背包，那么此时的背包对应的染色体就表示为 11111，其价值和重量如下。

```
染色体 11111
价值如下
27+82+85+71+91=356
重量如下
65+39+9+72+87=272
```

虽然总价值很大，但是因为总重量超过了重量上限 100，所以此时染色体 11111 的适应度值便计算为 0。

上面已经确定了染色体的表示方法和染色体的适应度的计算方法，接下来只需按照上文所述的流程来构建遗传算法程序即可。

首先，确定一下数据结构。遗传算法的操作对象是染色体群。因此，用 Python 变量来表示染色体群。

染色体以 0/1 的字符串排列表示，所以一个染色体可以用一维的列表来表示。多个染色体集合起来便可构成染色体群。因此，染色体群可以用以下列表来表示。

```python
pool=[[rndn(2)for i in range(N)]
    for j in range(POOLSIZE)]          # 染色体群
ngpool=[[0 for i in range(N)]
    for j in range(POOLSIZE * 2)]      # 下一代染色体群
```

其中，全局变量 POOLSIZE 表示每一代染色体群中所包含的染色体个数。列表 pool[][]存储的是完整的一代染色体，ngpool[][]存储的是在遗传操作过程中所生成的下一代染色体的候选个体。ngpool[][]的染色体个数是 pool[][]的两倍。这主要是为了多制作一些子代染色体，以便可以选择遗传操作从中挑出优质的染色体。

在背包问题上，需要存储每件行李的重量和价值。这里在二维列表 parcel[][]中存储行李的重量和价值。其中，第 1 个指标用于区分不同的行李，第 2 个指标用于区分重量和价值。在下面的列表中，第 2 个指标为 0 时表示重量，如果为 1 时，则表示价值。另外，全局变量 N 是指行李的件数。

```python
parcel = [[0 for i in range(2)]
    for j in range(N)] # 行李
```

接下来，将按照操作流程来考虑程序的具体编写方法。首先，操作流程（1）"将染色体群随机初始化"，使用 rndn() 函数来执行。本程序中的函数 rndn() 是指返回小于自变量给出的数值且大于或等于 0 的随机数的函数。在此，随机生成 0 或 1，将染色体群初始化。

接下来是操作流程（2），这里使用 for 语句以适当的次数重复操作。首先是流程（2-1）的交叉处理，需先创建用于选择亲本染色体所用的轮盘。具体方法如下。先创建 roulette[] 列表，同时计算适应度值的合计值 totalfitness。在此，函数 evalfit() 用于计算自变量染色体的适应度值。

```
# 创建轮盘
totalfitness=0
for c in range(POOLSIZE * 2):
    roulette[c]=evalfit(ngpool[c])
    # 计算适应度的合计值
    totalfitness += roulette[c]
```

基于上述准备，流程（2-1-1）亲本染色体选择环节的程序可以编写如下。

```
while True:          # 去除重复
    mama = selectp(roulette, totalfitness)
    papa = selectp(roulette, totalfitness)
    if mama != papa:
        break        # 无重复
```

其中，函数 selectp() 通过轮盘选择算法选出一个亲本染色体。同时，避免两次都选择相同的染色体，以防止交叉无效。

接下来，是流程（2-1-2）中单点交叉操作的实现方法。其中，列表 m[] 和列表 p[] 是亲本染色体，列表 c1[] 和列表 c2[] 存储的是子代染色体。

```
# 确定交叉点
cp = rndn(N)
# 复制前半部分
for j in range(cp):
    c1[j] = m[j]
    c2[j] = p[j]
# 复制后半部分
for j in range(cp, N):
    c2[j] = m[j]
    c1[j] = p[j]
```

接下来，流程（2-2）中的变异操作可编写如下。其中的 if 语句对应于流程（2-2-1），最后的赋值语句对应于流程（2-2-2）。

```
for i in range(POOLSIZE * 2):
  for j in range(N):
    if random.random() < MRATE:
      # 翻转变异
      ngpool[i][j] = 1 if ngpool[i][j] == 0 else 0
```

将以上内容按图 3.16 所示的结构组建程序，并将之命名为 kpga.py。

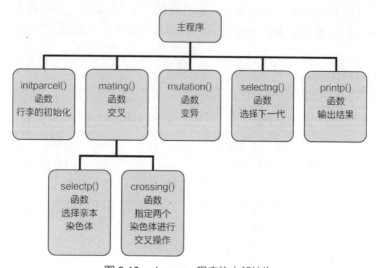

图 3.16　kpga.py 程序的内部结构

（从多处调用的 rndn() 函数和 evalfit() 函数除外）

基于以上结构配置的 kpga.py 程序，具体内容如清单 3.2 所示。

清单 3.2　kpga.py 程序

```
1   # -*- coding: utf-8 -*-
2   """
3   kpga.py 程序
4   针对背包问题基于遗传算法的求解程序
5   基于遗传算法寻找背包问题的最优解
6   操作方法 c:¥>python kpga.py < data.txt
7   """
8   # 导入模块
9   import math
10  import random
11  import copy
12
13  # 全局变量
```

```
14   MAXVALUE = 100                          # 重量和价值的最大值
15   N = 30                                  # 行李件数
16   WEIGHTLIMIT = N * MAXVALUE / 4          # 重量限制
17   POOLSIZE = 30                           # 染色体库的大小
18   LASTG = 50                              # 截止的染色体代数
19   MRATE = 0.01                            # 变异概率
20   SEED = 32767                            # 随机种子
21   parcel = [[0 for i in range(2)]
22       for j in range(N)]                  # 行李
23
24   # 子函数的定义
25   # rndn()函数
26   def rndn(n):
27     """生成小于 n 的随机数"""
28     return random.randint(0, n - 1)
29     # rndn()函数结束
30
31   # initparcel()函数
32   def initparcel():
33     """行李的初始化"""
34     i = 0
35     while i < N:
36       try:
37         line = input()
38       except EOFError:
39         break                              # 输入结束
40       parcel[i] = [int(num) for num in line.split()]
41       i += 1
42     return
43   # initparcel()函数结束
44
45   # mating()函数
46   def mating(pool, ngpool):
47     """交叉"""
48     roulette = [0 for i in range(POOLSIZE)]    # 轮盘
49     # 制作轮盘
50     totalfitness = 0                           # 适应度的合计值
51     for i in range(POOLSIZE):
52       roulette[i] = evalfit(pool[i])
53       # 计算适应度的合计值
54       totalfitness += roulette[i]
55     # 重复选择和交叉
```

```
56    for i in range(POOLSIZE):
57      while True:                      # 删除重复
58        mama = selectp(roulette, totalfitness)
59        papa = selectp(roulette, totalfitness)
60        if mama != papa:
61          break                        # 无重复
62      # 指定的两个染色体交叉
63      crossing(pool[mama], pool[papa],
64          ngpool[i * 2], ngpool[i * 2 + 1])
65
66    return
67  # mating()函数结束
68
69  # evalfit()函数
70  def evalfit(g):
71    """计算适应度"""
72    value = 0                          # 适应度值
73    weight = 0                         # 重量
74    # 确认各基因座，计算重量和适应度值
75    for pos in range(N):
76      weight += parcel[pos][0] * g[pos]
77      value += parcel[pos][1] * g[pos]
78    # 处理致死基因
79    if weight >= WEIGHTLIMIT:
80      value = 0
81    return value
82  # evalfit()函数结束
83
84  # selectp()函数
85  def selectp(roulette, totalfitness):
86    """选择亲本染色体"""
87    acc = 0
88    ball = rndn(totalfitness)
89    for i in range(POOLSIZE):
90      acc += roulette[i]               # 累计适应度值
91      if acc > ball:
92        break                          # 对应的染色体
93    return i
94  # selectp()函数结束
95
96  # crossing()函数
97  def crossing(m, p, c1, c2):
98    """指定的两个染色体交叉"""
```

```
99    # 确定交叉点
100   cp = rndn(N)
101   # 复制前半部分
102   for j in range(cp):
103     c1[j] = m[j]
104     c2[j] = p[j]
105   # 复制后半部分
106   for j in range(cp, N):
107     c2[j] = m[j]
108     c1[j] = p[j]
109   return
110 # crossing()函数结束
111
112 # mutation()函数
113 def mutation(ngpool):
114   """变异"""
115   for i in range(POOLSIZE * 2):
116     for j in range(N):
117       if random.random() < MRATE:
118         # 翻转突变
119         ngpool[i][j] = 1 if ngpool[i][j] == 0 else 0
120   return
121 # mutation()函数结束
122
123 # selectng()函数
124 def selectng(ngpool, pool):
125   """选择下一代"""
126   totalfitness = 0          # 计算适应度值的和
127   roulette = [0 for i in range(POOLSIZE * 2)]     # 轮盘
128   acc = 0                   # 适应度的累计值
129
130   # 重复选择
131   for i in range(POOLSIZE):
132     # 制作轮盘
133     totalfitness = 0
134     for c in range(POOLSIZE * 2):
135       roulette[c] = evalfit(ngpool[c])
136       # 计算适应度值的和
137       totalfitness += roulette[c]
138     # 选择一个染色体
139     ball = rndn(totalfitness)
140     acc = 0
141     for c in range(POOLSIZE * 2):
```

```
142        acc += roulette[c]          # 累计适应度值
143        if acc > ball:
144          break                      # 对应的基因
145      # 复制染色体
146      pool[i] = copy.deepcopy(ngpool[c])
147    return
148 # selectng()函数结束
149
150 # printp()函数
151 def printp(pool):
152    """输出结果"""
153    totalfitness = 0              # 计算适应度值的和
154    bestfit = 0                   # 处理优质基因的变量
155    # 输出染色体库
156    for i in range(POOLSIZE):
157      fitness = evalfit(pool[i])
158      if fitness > bestfit:      # 优质解
159        bestfit = fitness
160        elite = i
161      print(pool[i], " fitness =", fitness)
162      totalfitness += fitness
163    # 输出优质解的适应度值和平均适应度值
164    print(elite, bestfit, totalfitness / POOLSIZE)
165    return
166 # printp()函数结束
167
168 # 主程序
169 # 随机数初始化
170 random.seed(SEED)
171
172 # 准备变量
173 pool = [[rndn(2) for i in range(N)]
174    for j in range(POOLSIZE)]        # 染色体库
175 ngpool = [[0 for i in range(N)]
176    for j in range(POOLSIZE * 2)]    # 下一代染色体库
177 generation = 0                      # 当前染色体种群代数
178
179 # 行李初始化
180 initparcel()
181
182 # 重复至指定染色体代数
183 for generation in range(LASTG):
```

```
184    print(generation, "染色体种群代数")
185    mating(pool, ngpool)              # 交叉
186    mutation(ngpool)                  # 变异
187    selectng(ngpool, pool)            # 选择下一代
188    printp(pool)                      # 输出结果
189 # kpga.py 结束
```

下面简单分析 kpga.py 程序的主要内容。首先，在程序内部将行李的件数和染色体种群的个体数等相关的常量定义为全局变量。如表 3.2 所示，在程序的第 13 ~ 20 行中对常量进行了具体设定。在此，重量和价值的最大值设置为 100，行李的件数为 30，重量限制为总重量最大值的 1/4。另外，染色体库的大小为 30，遗传操作设置在 1 ~ 50 代反复进行。

表 3.2 kpga.py 程序的设定（全局变量的定义）

常量符号	值	意 义
MAXVALUE	100	重量和价值的最大值
N	30	行李的件数
WEIGHTLIMIT	(N*MAXVALUE/4)	重量限制
POOLSIZE	30	染色体库的大小
LASTG	50	截止的染色体代数
MRATE	0.01	变异概率
SEED	32767	随机种子

接下来，按顺序对主程序的执行流程进行简要说明。先准备所需的变量，使用 rndn() 函对初期的染色体种群进行随机初始化。另外，在主程序内部的第 180 行中调用 initparcel() 函数来读取行李相关数据。

遗传算法处理的主要内容从第 183 行的 for 语句开始。在 for 语句内部，依次执行 mating() 函数的交叉处理、mutation() 函数的变异处理以及 selectng() 函数对下一代群体的选择处理。

运行 kpga.py 程序需要存储行李数据的 data.txt 文件，如执行示例 3.2 所示，行李数据的表示方式是每行按重量和价值的顺序记录每件行李信息。此数据可以任意创建，也可以使用 kpdatagen.py 程序来创建。kpdatagen.py 是一个可以使用随机数创建新数据的程序（关于 kpdatagen.py 程序的具体情况，请参阅附录 A）。

执行示例 3.2　装入背包的行李的数据

```
C:¥Users¥odaka¥ndl¥ch3>type data.txt
65 27
39 82
9 85
72 71
87 91
91 28
34 92
...
```

每件行李的相关信息按重量和价值的顺序进行描述

kpga.py 程序的运行情况如执行示例 3.3 所示，kpga.py 程序运行之后，会输出各代染色体情况和适应度值，或者每代染色体的最高适应度值和平均适应度值。

执行示例 3.3　kpga.py 程序的执行示例

```
C:¥Users¥odaka¥ndl¥ch3>python kpga.py < data.txt
0代
[0, 0, 1, 0, 0, 1, 0, 0, 0, 1, 0, 1, 1, 0, 1, 1, 0, 0, 1, 1, 0, 1,
1, 0, 0, 1, 1, 0, 0, 1] fitness = 728
[0, 1, 1, 1, 1, 0, 0, 0, 0, 0, 1, 1, 0, 1, 1, 0, 0, 1, 1, 0, 0, 0,
0, 1, 0, 1, 0, 0, 0, 1] fitness = 807
[0, 0, 1, 0, 0, 1, 1, 0, 1, 0, 0, 1, 1, 0, 1, 0, 0, 0, 0, 1, 0,
0, 0, 1, 0, 0, 1, 0] fitness = 641
[1, 0, 1, 0, 0, 0, 0, 1, 1, 0, 0, 1, 1, 0, 1, 0, 0, 0, 0, 1,
1, 0, 1, 0, 0, 0, 1, 1] fitness = 618
[0, 0, 1, 0, 0, 1, 0, 0, 1, 0, 1, 1, 1, 1, 0, 0, 0, 1, 0, 1, 1, 1,
0, 0, 0, 1, 0, 1, 1, 1] fitness = 849
（以下，显示各染色体）

[1, 0, 0, 0, 1, 0, 1, 0, 0, 1, 0, 0, 1, 1, 0, 0, 1, 1, 0, 0, 0, 1,
1, 0, 1, 0, 0, 0, 1, 1] fitness = 721
7 883 724.7333333333333
1代
[1, 1, 0, 0, 0, 1, 0, 1, 1, 0, 0, 0, 1, 0, 0, 1, 0, 0, 0, 0, 0, 1, 0,
0, 0, 0, 1, 0, 0, 1, 0] fitness = 622
[0, 0, 1, 0, 0, 1, 0, 0, 0, 1, 0, 1, 1, 0, 1, 1, 0, 0, 1, 1, 0, 1,
1, 0, 0, 1, 1, 0, 0, 1] fitness = 728
（以下，显示各代染色体情况）

[0, 1, 1, 0, 1, 0, 0, 0, 1, 1, 1, 0, 1, 1, 0, 0, 0, 0, 0, 0, 1, 1, 0,
1, 0, 1, 1, 0, 1, 0, 1] fitness = 965
[0, 1, 1, 0, 1, 0, 0, 0, 0, 1, 1, 0, 1, 0, 0, 0, 0, 0, 0, 0, 1, 1, 0,
1, 0, 0, 1, 1, 0, 0, 1] fitness = 761
28 965 830.4666666666667
```

0代中的最优染色体的适应度值和染色体种群体的平均适应度值

第50代之后的最优染色体的适应度值和染色体种群的平均适应度值

kpga.py 程序所求出的最优适应度值和平均适应度值的变化如图 3.17 所示。从图 3.17 中可以看出，每一代染色体的适应度值都在不断提高。在 kpga.py 程序中，第 50 代染色体的计算几乎没有花费时间，但获得了相当于最优解九成左右的适应度值。

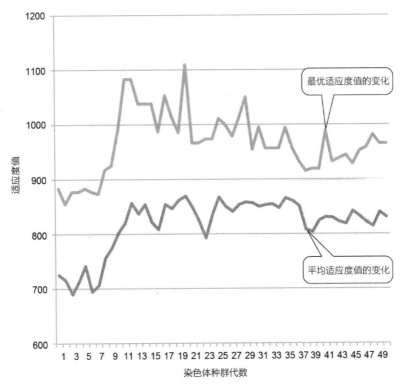

图 3.17　kpga.py 程序求出的最优适应度值和平均适应度值的变化

另外，对于 data.txt 中存储的行李，可以通过搜索所有的行李组合来求出该问题的最优解（用于搜索所有组合的全局搜索程序 direct.py，具体可参见附录 B）。

在遗传算法中，得到最优解九成左右的适应度值几乎不费时间。相较而言，执行全局搜索的 direct.py 程序在普通的个人计算机上则需要 2h 左右才能完成搜索。在同一台计算机上各程序的执行时间可以对照表 3.3。

表 3.3　kpga.py 程序（遗传算法）和 direct.py 程序（全局搜索）执行时间比较（示例）

所需时间	direct.py 程序 （全局搜索）	kpga.py程序 （遗传算法）
rea（完成所需时间）	120min44.434s	0min0.793s
User（用户程序的CPU时间）	120min40.671s	0min0.703s
sys（系统处理时间）	0min0.015s	0min0.030s

注：检测系统 CPU Corei 7-6700@3.40GHz，Memory 8GB。

　　遗传算法程序 kpga.py 与全局搜索程序 direct. py 相较，计算时间（User Time）快 10 000 倍左右。但实际上，如果 direct.py 程序和 kpga.py 程序同样使用 C 语言来构建遗传算法，两者的差就会缩小至 1/2900 左右。这是因为 Python 程序不擅长使用 for 语句进行简单的重复处理。因此，对于依赖简单重复运算的 direct.py 程序来说较为不便。但是即使抛开这一点，kpga.py 程序执行速度也比 direct.py 程序快得多。

　　当然，kpga.py 程序只能求出具有最优解九成左右适应度值的准最优解，因此无法简单地说遗传算法就是最佳方法。应该说，遗传算法是一个适合"快速"求出"还过得去"的解的方法。

第 **4** 章

神 经 网 络

　　本章主要介绍深度学习的基础——神经网络技术。首先，概述神经网络的基本构成要素——人工神经元的基本概念。其次，通过分析数种组合人工神经元构建神经网络的方法，说明如何用程序来表示简单的神经网络。在此基础上，通过编程来具体实现深度学习中的一种学习方法——反向传播算法。

本节主要介绍神经网络的基本原理，并展示如何通过程序来构建简单的神经网络。

4.1.1　人工神经元模型

神经网络（neural network）是由人工神经元（artificial neuron）组合而成的，人工神经元是将神经细胞（neuron）模型化的计算元件。这里先介绍人工神经元的基本情况。人工神经元也称为神经元或神经细胞。

生物的神经细胞从多个神经细胞接收信号，在细胞内部进行处理后，将处理结果传递给其他神经细胞。人工神经元简化这一行动后，是通过数学方法来模拟的计算元件。

人工神经元的具体结构如图 4.1 所示。图 4.1 中显示的是单个人工神经元的结构。人工神经元接收多个信号，进行适当的计算处理后，再输出信号。输入的信号来自于外界，或来自于网络中的其他人工神经元。

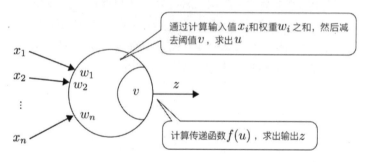

注：$x_1 \sim x_n$——输入　$w_1 \sim w_n$——权重　v——阈值　z——输出

图 4.1　人工神经元的具体结构

在图 4.1 中，输入值 x_i 与每次输入时预先设定的常量 w_i 相乘。这个常量 w_i 称为权重（weight）。输入信号乘以权重后相加，再减去称为阈值（threshold）的常量 v。再将输入信号累加计算后减去阈值的累计值所得的值，用下面的符号 u 表示。最后，计算值 u 用传递函数（transfer function）处理，处理结果 $f(u)$ 作为人工神经元的输出值 z。传递函数也称为输出函数（output function）。

以上处理过程用公式表示如下。

$$u = \sum_i x_i w_i - v$$
$$z = f(u)$$

(4.1)

在上述公式（4.1）中，传递函数中可以使用各种函数。例如，经常使用阶跃函数（step function）或 S 型函数（sigmoid function）等。

阶跃函数是一种非线性函数，如果输入大于或等于 0，则返回 1；如果输入小于 0，则返回 0。阶跃函数图如图 4.2 所示。

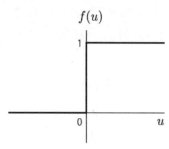

图 4.2　阶跃函数图

S 型函数公式如下。

$$f(u) = \frac{1}{1 + e^{-u}}$$

S 型函数图如图 4.3 所示，是一种曲线函数。如果使用 S 型函数，则后述的反向传播学习的计算处理会变得更容易，因此，S 型函数常作为反向传播的传递函数来使用。

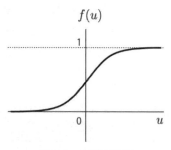

图 4.3　S 型函数图

下面通过具体的示例来分析人工神经元的工作原理。假设现有一个人工神经元，具体内容如图 4.4 所示。

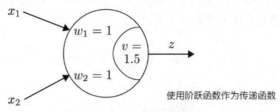

图 4.4　人工神经元示例（1）

在图 4.4 中，人工神经元有两个输入端，接收输入信号 x_1 和 x_2。下面将之标记为（x_1, x_2），两个输入所对应的权重分别为 w_1 和 w_2，两者的值都是 1，阈值为 1.5，传递函数使用的是阶跃函数。

在此状态下，假设输入为 $(x_1, x_2)=(0, 0)$，则按照公式（4.1）可计算如下。

$$
\begin{aligned}
u_{00} &= \sum_i x_i w_i - v \\
&= 1 \times 0 + 1 \times 0 - 1.5 \\
&= -1.5 \\
z_{00} &= f(-1.5) \\
&= 0
\end{aligned}
$$

按照上面的计算，输入 $(0,0)$，可以得到输出 $z_{00}=0$。同样，分别计算输入 $(0,1)$、$(1,0)$ 和 $(1,1)$ 可以得到所对应的输出 z_{01}、z_{10} 和 z_{11}。

$$
\begin{aligned}
z_{01} &= 0 \\
z_{10} &= 0 \\
z_{11} &= 1
\end{aligned}
$$

从以上计算结果可以看出，图 4.4 中的人工神经元表现出的行为与逻辑元件 AND 相同。如果将阈值更改为 0.5，输出也会随之改变，计算结果如表 4.1 所示。这时，人工神经元表现出的行为与逻辑元件 OR 相同。

表 4.1　在图 4.4 的人工神经元中，当阈值为 0.5 时的输出情况

输　入	u	z
(0,0)	−0.5	0
(0,1)	0.5	1
(1,0)	0.5	1
(1,1)	1.5	1

从以上结果中可以看出，人工神经元的行为会随着权重和阈值的变化而变化。相反，如果想让人工神经元表现出某种行为，就需要确定与该行为相对应的权重和阈值。也就是说，人工神经元的学习是指寻找适合环境的权重和阈值的过程。关于这个学习过程，后续还会再详细讨论。

下面假设有另一个人工神经元，各项设置与图 4.4 相同，但只有一个输入端。权重为-1，阈值为-0.5，对输入值 0 和 1 分别进行计算时，则显示如下。

$$u_0 = \sum_i x_i w_i - v$$
$$= 0 \times (-1) - (-0.5)$$
$$= 0.5$$
$$z_{00} = f(0.5) = 1$$
$$u_1 = \sum_i x_i w_i - v$$
$$= 1 \times (-1) - (-0.5)$$
$$= -0.5$$
$$z_1 = f(-0.5) = 0$$

上述结果显示了人工神经元的作用与逻辑元件 NOT 相同。如上所述，人工神经元具有与基本逻辑元件同等的处理能力，通过适当地组合人工神经元，可以构建多种逻辑电路。

另外，在上述示例中，由于使用了阶跃函数作为传递函数，因此输出为 0 或 1。但是，如果采用其他传递函数，也可以输出 0/1 之外的连续值。也就是说，人工神经元不仅可以作为数字逻辑元件发挥作用，还可以用于表示各种连续函数。

4.1.2　神经网络与学习

本小节将分析如何通过组合多个人工神经元来构建由多个神经元构成的神经网络。

其中，一种配置方法是将人工神经元分层排列，将上一层的输出和下一层的输入按顺序连接在一起。这种方法构建而成的神经网络如图 4.5 所示。图 4.5 中的神经网络接收两个输入信号后，输出一个信号。

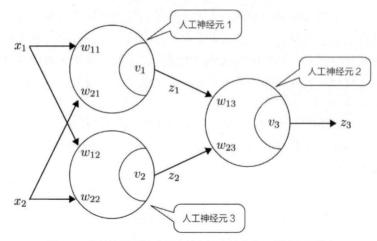

图 4.5　前馈神经网络（两个输入一个输出的双层神经网络）

　　要计算这样的神经网络输出，需逐一计算网络中每个人工神经元的输出。以图 4.5 中的神经网络为例，需先分别对接收输入的两个人工神经元进行计算，输出 z_1 和 z_2，并通过 z_1 和 z_2 计算输出层的人工神经元的输出 z_3。

　　在图 4.5 所示的层状网络中，信号从输入到输出依次传递。因此，这样的神经网络称为前馈神经网络（Feed Forward Network），或者称为分层网络（Layered Network）。

　　下面分析实际的计算方法。在图 4.5 中，假设权重和阈值如下。

$$(w_{11}, w_{12}, w_{21}, w_{22}, w_{13}, w_{23}) = (-2, -2, 3, 1, -60.94)$$
$$(v_1, v_2, v_3) = (-1, 0.5, -1)$$

　　另外，假设传递函数使用了阶跃函数，计算输入和输出的关系的结果如表 4.2 所示。该结果表示的是 EOR（异或）元件的运算。

表 4.2　图 4.5 中的网络计算示例

x_1	x_2	u_1	z_1	u_2	z_2	u_3	z_3
0	0	1	1	-0.5	0	-59	0
0	1	4	1	0.5	1	35	1
1	1	2	1	-1.5	0	-59	0
1	0	-1	0	-2.5	0	1	1

　　如上所述，与单个人工神经元相同，神经网络也是根据权重和阈值的设定来决定其功能的。因此，和单体人工神经元的学习一样，神经网络的

学习也是一个将权重和阈值调整至最优值的过程。假设该过程用监督学习的框架来设计，学习流程可以归纳如下。

> （1）对所有的权重和阈值进行初始化（如使用随机方法）。
> （2）以适当的次数重复以下操作。
> > （2-1）从学习数据集中选出一个学习示例，让神经网络计算输出。
> > （2-2）比较监督数据和神经网络的输出，调整权重和阈值以缩小误差。

如果不断重复上述步骤，直到神经网络的输出和监督数据一致时，神经网络便完成了学习任务。举例说明，如果学习数据集给出的是 AND 逻辑元件的学习数据，则神经网络会作为 AND 逻辑元件发挥作用，如果给出的是 EOR 逻辑元件的学习数据，则神经网络会作为 EOR 逻辑元件发挥作用。

这里的难点是流程（2-2）中权重和阈值的调整。虽然也可以使用上文所述的机器学习方法（如遗传算法）进行调整，但其实还有更便捷的学习方法。这种学习方法就是第 1 章所提及的反向传播。关于反向传播的具体算法，将在本章的后半部分进行详细介绍。

4.1.3　神经网络的种类

在 4.1.2 小节中，以非常简单的前馈神经网络为例，说明了神经网络的行为和学习的概念。前馈神经网络可以扩展为多种形式。

例如，图 4.6 展示的是 3 层结构的前馈神经网络。这样，通过增加网络中的人工神经元数量或增加层次，可以扩大神经网络的规模。

图 4.6 所示为 3 层神经网络，也可以组建 4 层及以上的多层神经网络。如上所述，在深度学习中，使用的是具有大规模、多层结构的神经网络。

前馈神经网络不仅可以扩大规模，还可以组建成各种结构。例如，层与层之间不一定必须是全连接，也可以只是前段的特定部分与下段的人工神经元连接。深度学习中也经常使用这种类型的神经网络（关于这些类型的神经网络，将在第 5 章中详细介绍）。

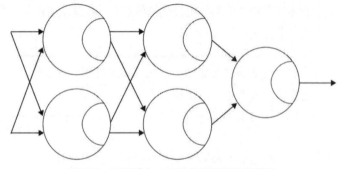

图 4.6　双端输入 3 层结构的前馈神经网络

　　神经网络不仅有前馈型，也有非前馈型的其他类型的网络。如图 4.7 所示，可以将每个人工神经元的输出连接到上一级人工神经元的输入中。这种网络称为循环网络（recurrent network）。构建循环神经网络的一种方法是基于 Hopfield 模型构建。在 Hopfield 神经网络中，构成网络的每个人工神经元的输入都是其他人工神经元的输出。

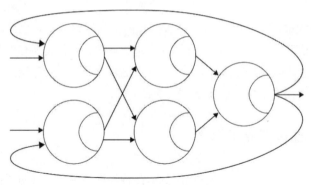

图 4.7　循环神经网络示例

4.1.4　人工神经元的计算方法

　　下面将分析神经网络的计算程序。先构建一个 neuron.py 程序，它是神经网络的基础程序，用于神经元单体的计算处理。

　　先构建 neuron.py 程序中所使用的数据结构。在单体人工神经元的计算中，需要计算以下项目以确定人工神经元的结构。

- 输入端数（如双输入、三端输入等）。
- 传递函数的类型（如阶跃函数或 S 型函数等）。
- 与各输入对应的权重 w_i。
- 阈值 v。

其中,输入端数和传递函数的类型在程序内部是已设置好的。也就是说,输入端数是由全局变量所定义的常量,而传递函数则作为 Python 参数使用。

与此相对,权重和阈值则作为变量使用。此处,权重和阈值通常一起处理,因此将两者存储在同一个列表中。例如,以图 4.8 所示的双输入人工神经元为例,在列表 w[]开头的 2 个元素 w[0]和 w[1]中存储权重,在第3 个元素 w[2]中存储阈值。

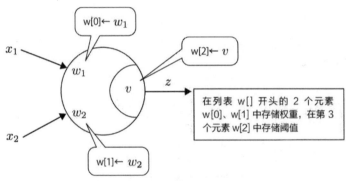

图 4.8　权重 w 和阈值 v 在列表 w[]中的存储方法

以上所描述的是人工神经元的内部数据结构。为了计算人工神经元的行为,除了上述数据结构之外,还需要给人工神经元提供输入数据。在此,将输入数据一并读取,并存储在合适的列表中。

可以使用二维列表来保存多个输入数据。例如, 要向图 4.8 中的双输入人工神经元提供 4 组输入数据$(x_1,x_2)_1$、$(x_1,x_2)_2$、$(x_1,x_2)_3$、$(x_1,x_2)_4$ 时, 可以将输入数据保存在列表 e[0] ~ e[3]中, 二维列表如下。

$$e[0][0],e[0][1]\leftarrow(x_1,x_2)_1$$

$$e[1][0],e[1][1]\leftarrow(x_1,x_2)_2$$

$$e[2][0],e[2][1]\leftarrow(x_1,x_2)_3$$

$$e[3][0],e[3][1]\leftarrow(x_1,x_2)_4$$

利用以上数据结构,将人工神经元的处理过程编写为程序,来计算人工神经元。

> 单个人工神经元计算与输入信号对应的输出值的流程如下。
>
> （1）权重和阈值初始化。
>
> （2）读取输入数据。
>
> （3）对所有输入数据计算以下内容。
>
>> （3-1）乘以与输入值对应的权重，所得值与输入值相加。
>>
>> （3-2）减去阈值。
>>
>> （3-3）使用传递函数计算输出值。

在上述流程中，流程（3）的计算部分在 Python 中可以表示如下。

```python
# 计算内容
u = 0.0
for i in range(INPUTNO):
    u += e[i] * w[i]
u -= w[INPUTNO] # 阈值处理
# 计算输出值
o = f(u)
```

基于上述处理，可以组建一个内部结构如图 4.9 所示的 neuron.py 程序。

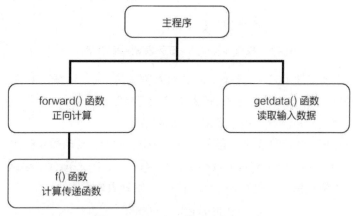

图 4.9　neuron.py 程序的内部结构

以上便完成了构建程序的准备。据此，实际配置了名为 neuron.py 的 Python 程序，其具体运行如清单 4.1 所示。

清单 4.1 neuron.py 程序

```python
1  # -*- coding: utf-8 -*-
2  """
3  neuron.py 程序
4  计算单个人工神经元
5  模拟具有适当权重和阈值的人工神经元
6  操作方法:c:¥>python neuron.py < data24.txt
7  """
8  # 导入模块
9  import math
10 import sys
11
12 # 全局变量
13 INPUTNO = 2        # 输入数
14 MAXINPUTNO = 100   # 数据的最大个数
15
16 # 子函数的定义
17 # getdata()函数
18 def getdata(e):
19   """读取学习数据"""
20   n_of_e = 0 # 数据集的个数
21   # 输入数据
22   for line in sys.stdin:
23     e[n_of_e] = [float(num) for num in line.split()]
24     n_of_e += 1
25   return n_of_e
26 # getdata()函数结束
27
28 # forward()函数
29 def forward(w, e):
30   """正向计算"""
31   # 计算内容
32   u = 0.0
33   for i in range(INPUTNO):
34     u += e[i] * w[i]
35   u -= w[INPUTNO]  # 阈值处理
36   # 输出值计算
37   o = f(u)
38   return o
39 # forward()函数结束
40
41 # f()函数
```

```
42 def f(u):
43     """传递函数"""
44     # 计算阶跃函数
45     if u >= 0:
46         return 1.0
47     else:
48         return 0.0
49     # 计算 S 型函数
50 # return 1.0 / (1.0 + math.exp(-u))
51 # f()函数结束
52
53 # 主程序
54 w = [1.0, 1.0, 1.5]                # 权重和阈值
55 # w = [1.0, 1.0, 0.5]              # 权重和阈值（其他示例）
56
57 e = [[0.0 for i in range(INPUTNO)]
58     for j in range(MAXINPUTNO)]    # 数据集
59
60 # 读取输入数据
61 n_of_e = getdata(e)
62 print("数据个数:", n_of_e)
63
64 # 计算内容
65 for i in range(n_of_e):
66     print(i, ":", e[i], "->", forward(w, e[i]))
67 # neuron.py 结束
```

在 neuron.py 程序中，可以通过主程序开头的列表 w 的初始化来设置权重和阈值。通过改变该值，可以变更人工神经元的功能。在清单 4.1 中，w 列表的值设置如下。

```
54     w = [1.0, 1.0, 1.5]            # 权重和阈值
```

因此，与前面图 4.4 中的情况一样，所设定的功能同 AND 逻辑元件相同。

按照清单 4.1 所设置的 neuron.py 程序，具体执行情况如执行示例 4.1 所示。图 4.4 中，对输入进行计算，所得的值与 AND 逻辑元件的计算结果相同。

执行示例 4.1　neuron.py 程序的执行示例（1）

```
C:¥Users¥odaka¥ndl¥ch4>type data24.txt
```

```
0 0          在名为 data24.txt 的文件中，存储了 4
0 1          组输入数据(0,0), (0,1), (1,0), (1,1)
1 0
1 1

C:\Users\odaka\ndl\ch4>python neuron.py < data24.txt
数据个数: 4
                                    导入 data24.txt，显示对应的输出结果
0 : [0.0, 0.0] -> 0.0
1 : [0.0, 1.0] -> 0.0
2 : [1.0, 0.0] -> 0.0      得到与逻辑元件 AND 相同的计算结果
3 : [1.0, 1.0] -> 1.0


C:\Users\odaka\ndl\ch4>
```

接下来，将更改列表 w 的初始值，使人工神经元作为 OR 逻辑元件发挥作用。为此，将清单 4.1 中的第 54 行和第 55 行更改如下。

```
清单 4.1 的设置
54 w = [1.0, 1.0, 1.5]          # 权重和阈值
55 # w = [1.0, 1.0, 0.5]        # 权重和阈值（其他示例）

              ⬇

变更后的设置
54 # w = [1.0, 1.0, 1.5]        # 权重和阈值
55 w = [1.0, 1.0, 0.5]          # 权重和阈值（其他示例）
```

此更改将清单 4.1 中在第 54 行的初始化更改为在第 55 行初始化。结果，阈值从 1.5 更改为 0.5。另外，如前文所述，在 Python 中，空格符缩进具有重要意义，需要特别注意不要因为上述修改而导致缩进偏移。也就是说，更改的地方只有注释代码"#"一个字符，只能进行注释代码"#"的插入和删除。如果插入或删除多余的空格，程序运行时就会出现错误。

更改设置后的 neuron.py 程序具体运行情况如执行示例 4.2 所示。在此示例中，计算结果与 OR 逻辑元件的结果相同。

执行示例 4.2　neuron.py 程序的执行示例（2）

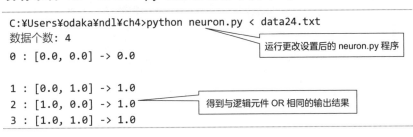

```
C:\Users\odaka\ndl\ch4>python neuron.py < data24.txt
数据个数: 4
                                    运行更改设置后的 neuron.py 程序
0 : [0.0, 0.0] -> 0.0

1 : [0.0, 1.0] -> 1.0
2 : [1.0, 0.0] -> 1.0      得到与逻辑元件 OR 相同的输出结果
3 : [1.0, 1.0] -> 1.0
```

在 neuron.py 程序中，可以选择阶跃函数或 S 型函数作为传递函数。在清单 4.1 中，使用了阶跃函数。如果使用 S 型函数，需要修改清单 4.1 中的设置。此更改增加了第 45~48 行阶跃函数计算的注释代码，并删除了第 50 行 S 型函数计算的注释代码。在执行此操作时，需特别注意不能删去看似多余的空格符，以免导致缩进偏移。具体修改内容如下。

清单 4.1 的设置

```
44        # 计算阶跃函数
45        if u >= 0:
46          return 1.0
47        else:
48          return 0.0
49        # 计算 S 型函数
50      # return 1.0 / (1.0 + math.exp(-u))
```

变更后的设置

```
44        # 计算阶跃函数
45      # if u >= 0:
46      #   return 1.0
47      # else:
48      # return 0.0
49        # 计算 S 型函数
50        return 1.0 / (1.0 + math.exp(-u))
```

更改设置后的 neuron.py 程序具体运行情况如执行示例 4.3 所示。在使用阶跃函数作为传递函数时，人工神经元的计算结果为 0 或 1 的整数值，而如果是 S 型函数，则输出浮点数。

执行示例 4.3　neuron.py 程序的执行示例（3）

```
C:¥Users¥odaka¥ndl¥ch4>python neuron.py < data24.txt
数据个数：4
0:[0.0, 0.0] -> 0.18242552380635635
1:[0.0, 1.0] -> 0.3775406687981454
2:[1.0, 0.0] -> 0.3775406687981454
3:[1.0, 1.0] -> 0.6224593312018546

C:¥Users¥odaka¥ndl¥ch4>
```

运行变更设置后的 neuron.py 程序

S 型函数输出浮点数

4.1.5　神经网络的计算方法

　　本小节将开始构建由多个人工神经元连接组成的神经网络的计算程序。在此,我们考虑组建一个分层神经网络计算程序nn.py,具体如图4.10所示。

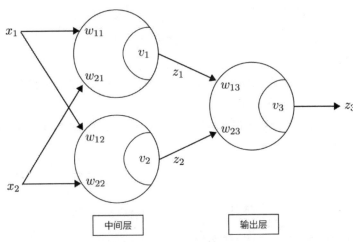

图 4.10　nn.py 程序呈现的神经网络

　　为了模仿人工神经元的计算来计算图 4.10 中的神经网络,需要对权重和阈值变量进行定义, 具体如下。

```
wh = [[-2, 3, -1], [-2, 1, 0.5]]        # 中间层权重
wo = [-60, 94, -1]                       # 输出层权重
```

　　除了这些列表之外, 还需要定义输入数和传递函数,和人工神经元程序 neuron.py 一样,以嵌入程序的形式进行定义。另外, 输入数据的列表存储方法也与 neuron.py 程序相同。

　　使用上述数据结构进行神经网络计算, 计算流程与人工神经元程序 neuron.py 相似。

　　图 4.10 分层神经网络中对输入信号计算输出值的流程如下。

　　(1) 对权重和阈值进行初始化。

　　(2) 读取输入数据。

　　(3) 对所有的输入数据计算如下。

　　　　(3-1) 按照输入值和权重 w_h, 求出向输出层的输出 h_i。

　　　　(3-2) 按照 h_i 和权重 w_o 计算输出值。

在上述流程中，流程（3-1）和流程（3-2）的计算部分与前面所示的单个人工神经元相同。例如，以流程（3-1）为例，Python 的程序表示如下。

```
# 计算 hi
for i in range(HIDDENNO):
  u = 0.0
  for j in range(INPUTNO):
    u += e[j] * wh[i][j]
  u -= wh[i][INPUTNO]          # 阈值处理
  hi[i] = f(u)
```

在此，全局变量 HIDDENNO 表示前段（中间层）的人工神经元的个数，并且 $f()$ 函数是传递函数。

流程（3-2）的计算流程也与流程（3-1）大致相同。在 Python 程序中，编写程序如下。

```
# 计算输出 o
o = 0.0
for i in range(HIDDENNO):
  o += hi[i] * wo[i]
o -= wo[HIDDENNO]       # 阈值处理
return f(o)
```

基于上述处理可以构建程序 nn.py，其内部结构如图 4.11 所示。

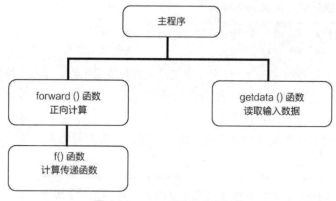

图 4.11　nn.py 程序的内部结构

通过以上处理，便完成了构建程序的准备工作。清单 4.2 显示了实际配置为 Python 程序的 nn.py 程序。

清单 4.2　nn.py 程序

```
1  # -*- coding: utf-8 -*-
2  """
3  nn.py 程序
4  计算简单的分层神经网络
5  计算一个输出的网络（无学习）
6  操作方法 c:\>python nn.py < data24.txt
7  """
8  # 导入模块
9  import math
10 import sys
11
12 # 全局变量
13 INPUTNO = 2                    # 输入端数
14 HIDDENNO = 2                   # 中间层单元数
15 MAXINPUTNO = 100              # 数据量上限
16
17 # 子函数的定义
18 # getdata()函数
19 def getdata(e):
20   """读取学习数据"""
21   n_of_e = 0                   # 数据集个数
22   # 输入数据
23   for line in sys.stdin:
24     e[n_of_e] = [float(num) for num in line.split()]
25     n_of_e += 1
26   return n_of_e
27 # getdata()函数结束
28
29 # forward()函数
30 def forward(wh, wo, hi, e):
31   """正向计算"""
32   # hi 计算
33   for i in range(HIDDENNO):
34     u = 0.0
35     for j in range(INPUTNO):
36       u += e[j] * wh[i][j]
37     u -= wh[i][INPUTNO]        # 阈值处理
38     hi[i] = f(u)
39   # 计算输出 o
40   o = 0.0
41   for i in range(HIDDENNO):
```

```
42     o += hi[i] * wo[i]
43     o -= wo[HIDDENNO]            # 阈值处理
44     return f(o)
45 # forward()函数结束
46
47 # f()函数
48 def f(u):
49     """传递函数"""
50     # 计算阶跃函数
51     if u >= 0:
52         return 1.0
53     else:
54         return 0.0
55     # 计算 S 型函数
56 # return 1.0 / (1.0 + math.exp(-u))
57 # f()函数结束
58
59 # 主程序
60 wh = [[-2, 3, -1], [-2, 1, 0.5]]     # 中间层权重
61 wo = [-60, 94, -1]                   # 输出层权重
62 e = [[0.0 for i in range(INPUTNO)]
63     for j in range(MAXINPUTNO)]      # 数据集
64 hi = [0 for i in range(HIDDENNO + 1)]  # 中间层输出
65
66 # 读取输入数据
67 n_of_e = getdata(e)
68 print("数据个数:", n_of_e)
69
70 # 计算内容
71 for i in range(n_of_e):
72 print(i, ":", e[i], "->", forward(wh, wo, hi, e[i]))
73 # nn.py 结束
```

nn.py 程序的处理与 neuron.py 程序的最大不同体现在从第 29 行开始的 forward()函数内部的计算处理。在此，从第 32～38 行进行前段（中间层）的计算，接下来的第 39～44 行进行输出层的计算。另外，在 nn.py 程序中，随着权重数据和阈值数据等数据量的增加，变量的定义和初始化的步骤也会增加。

nn.py 程序具体的运行情况如执行示例 4.4 和执行示例 4.5 所示。执行示例 4.4 展示了 nn.py 程序如何执行与 EOR 逻辑元件相同的计算处理。

执 行 示 例 4.4　nn.py 程序的执行示例（1）

```
C:¥Users¥odaka¥ndl¥ch4>python nn.py < data24.txt
数据个数：4
0 : [0.0, 0.0] -> 0.0
1 : [0.0, 1.0] -> 1.0
2 : [1.0, 0.0] -> 1.0
3 : [1.0, 1.0] -> 0.0

C:¥Users¥odaka¥ndl¥ch4>
```

导入 data24.txt，显
示对应的输出结果

输出结果与 EOR 逻
辑元件相同

与单个人工神经元一样，nn.py 程序也可以通过更改权重设置来改变行为。例如，通过更改权重的初始值并运行 nn.py 程序，可以实现与 AND 逻辑元件一样的计算功能。

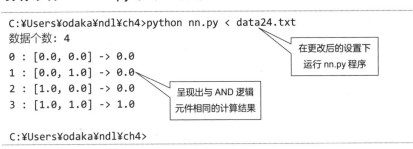

清单 4.2 的设置
```
60    wh = [[-2, 3, -1], [-?, 1, 0.5]]        # 中间层权重
61    wo = [-60, 94, -1]                      # 输出层权重
```

变更后的设置
```
60    wh = [[-2.7, -5.5, -5.4], [4.8, 1.1, 3.2]]   # 中间层权重
61    wo = [-8.1, 6, 1]                            # 输出层权重
```

在更改后的设置下运行 nn.py 程序，具体的运行情况如执行示例 4.5 所示。像这样，通过适当调节权重和阈值，便可以灵活地控制神经网络的行为。

执 行 示 例 4.5　nn.py 程序的执行示例（2）

```
C:¥Users¥odaka¥ndl¥ch4>python nn.py < data24.txt
数据个数：4
0 : [0.0, 0.0] -> 0.0
1 : [0.0, 1.0] -> 0.0
2 : [1.0, 0.0] -> 0.0
3 : [1.0, 1.0] -> 1.0

C:¥Users¥odaka¥ndl¥ch4>
```

在更改后的设置下
运行 nn.py 程序

呈现出与 AND 逻辑
元件相同的计算结果

4.2　基于反向传播的神经网络学习

4.1.4 小节介绍了人工神经元和神经网络的计算方法。本节将介绍神经网络的学习过程。在此，重点对分层网络中广泛应用的反向传播（back propagation）进行说明。

4.2.1　感知器的学习程序

如第 1 章所述，在 20 世纪 50 年代，神经网络研究初期，被称为感知器的分层神经网络是研究的热点。感知器的学习过程很简单，但实际上感知器可以说是反向传播的基本形式。因此，先来了解一下感知器的学习流程。

感知器的结构如图 4.12 所示。感知器是由输入层（激活层）、中间层（隐藏层）以及输出层（响应层）这 3 层构成的分层神经网络。此处的输入层是一个固定元件，只负责将输入信号传递给下一级人工神经元，并且从输入层到中间层的权重和阈值是随机初始化后的固定数值。相反，输出层的权重可以根据学习程序变更设置。

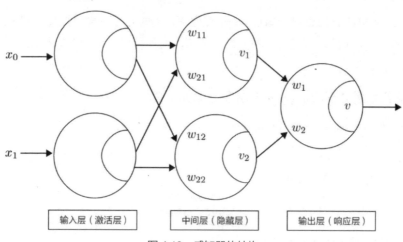

图 4.12　感知器的结构

在这个设置中，感知器是通过变更输出层的权重和阈值来推进学习的。因此，感知器的学习能力较为有限，仅依靠中间层的固定权重和阈值有时无法满足学习数据的处理需求。后文所述的反向传播，针对这点进行了改良，不仅是输出层，而且中间层的权重和阈值同样将作为学习对象来处理。

感知器的学习，即输出层的权重和阈值的学习，使用的是包含了监督数据的学习数据。学习方法基本上与前文所示的神经网络的一般学习方法相同，即先从学习数据集中选择一个学习示例，提供给神经网络并计算输出。然后，将监督数据与神经网络的输出进行比较，以此不断地调整权重和阈值，以缩小误差。

在此，可以通过下面的方法来缩小误差，即先将误差分为以下两类，并分别进行操作。

（1）如果输出值比监督数据小，则更新权重或阈值，以使输出变大。

（2）如果输出值比监督数据大，则进行加权处理或调整阈值，以使输出变小。

此处，将误差 E 定义如下。

$$E = o_t - o \qquad （4.2）$$

其中，o_t 是监督数据；o 是实际输出。这样定义误差后，上述（1）和（2）的操作可以用同一个更新公式来表示，即用误差 E 和中间层的输出 h_i 来更新与 h_i 对应的权重 w_i，具体计算如下。

$$w_i \leftarrow w_i + \alpha \times E \times h_i \qquad （4.3）$$

其中，α 是学习系数常量。此外，如果在公式（4.3）中添加传递函数的影响的项，则更新后公式如下。

$$w_i \leftarrow w_i + \alpha \times E \times f'(u) \times h_i \qquad （4.4）$$

在此，如果使用 S 型函数作为传递函数，则可以简单地计算出微系数，具体如下。

$$\begin{aligned} f'(u) &= f(u) \times (1 - f(u)) \\ &= o \times (1 - o) \end{aligned} \qquad （4.5）$$

将公式（4.5）代入公式（4.4）后，权重的更新公式如下。

$$w_i \leftarrow w_i + \alpha \times E \times o \times (1 - o) \times h_i \qquad （4.6）$$

接下来是关于阈值的更新方法。如果将中间层的输出 h_i 始终设置为-1，并以此来作为权重，则阈值的更新可以直接使用与权重相同的更新公式来处理。

综上所述，感知器的学习可以使用公式（4.6）逐次更新输出层的权重和阈值的过程。

4.2.2　反向传播的处理流程

4.2.1 小节介绍了输出层权重的学习方法。本小节将分析如何使用反向传播来学习中间层的权重。

反向传播表示向反方向传播的意思。在反向传播中，实际上是反向传播误差。在分层网络中，将从输入到输出进行计算的方向作为正向，从输出追溯到输入的计算方向作为逆向。这里反向是指将误差从输出向输入方向逆向依次传递。

借助图 4.13 来说明一下反向传播的基本原理。现在，假设网络的最终输出出现了误差 E。输出层的权重和阈值可以通过公式（4.6）来学习。同时，在中间层的学习中，假设中间层和输出层的连接权与对误差的影响度对等，即中间层对整体输出结果的误差所承担的"责任"，根据中间层和输出层的连接权，由构成中间层的人工神经元分担。以图 4.13 中的例子说明，假设中间层的 3 个人工神经元分别根据与输出层的连接权 $w_1 \sim w_3$ 对误差产生了影响。

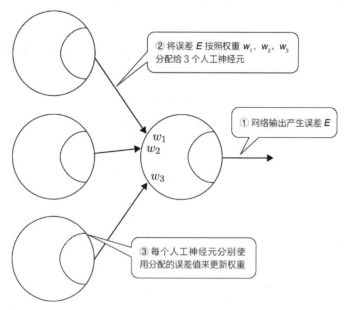

② 将误差 E 按照权重 w_1、w_2、w_3 分配给 3 个人工神经元

① 网络输出产生误差 E

③ 每个人工神经元分别使用分配的误差值来更新权重

图 4.13　反向传播中，中间层误差的处理

如此一来，中间层的人工神经元如果与输出层的人工神经元结合越紧密，对误差的"贡献"就越大；相反，连接权越小的人工神经元对输出误差的"贡献"就越小。

基于上述思路，如果用中间层和输出层的连接权来分配误差，就可以定义中间层每个人工神经元的误差。然后，用分配到的误差通过公式（4.6）以相同的思路来学习中间层的权重。

这样，不仅可以学习 3 层网络，还可以学习更多层的神经网络。此时，最终输出的误差 E 按照学习流程从输出层向输入层反向传递，整个过程呈现为反向传播。

综上所述，输出层的人工神经元为一个时，反向传播的具体计算步骤可以总结如下。

按照以下步骤重复操作，直至满足设定的条件。

对于学习数据集中的一个例子 (x,o)，使用以下方法计算。

（1）用 x 计算中间层的输出 h_i。

（2）用 h_i 计算输出层的输出 o。

（3）对输出层的人工神经元进行以下计算。

$$wo \leftarrow wo + \alpha \times E \times o \times (1-o) \times h_i \tag{4.7}$$

（4）对中间层的第 j 个神经元进行以下计算。

$$\Delta_j \leftarrow h_j \times (1-h_j) \times w_j \times E \times o \times (1-o) \tag{4.8}$$

（5）对中间层的第 j 个神经元的第 i 个输入进行以下计算。

$$w_{ji} \leftarrow w_{ji} + \alpha \times x_i \times \Delta_j \tag{4.9}$$

4.2.3 反向传播的应用

本小节将尝试构建具备反向传播学习能力的神经网络 bp1.py 程序。套用前面的 nn.py 程序的学习流程来整理反向传播的学习流程。

---

3 层神经网络的反向传播学习流程如下。

（1）将权重和阈值初始化。

（2）读取输入数据。

（3）对所有的学习数据反复计算，过程如下。

（3-1）用输入值和权重 w_h 求出向输出层的输出 h_i。

（3-2）用 h_i 和权重 w_o 计算输出值。

（3-3）根据公式（4.7），学习输出层的权重和阈值。

（3-4）根据公式（4.8）及公式（4.9），学习中间层的权重和
阈值。

相比 nn.py 程序的学习流程，bp1.py 程序的学习增加的是流程（3-3）
和流程（3-4）。其中，流程（3-3）输出层的权重和阈值的学习，在程序
中可以表示如下。

```python
# 计算误差
d = (e[INPUTNO] - o) * o * (1 - o)
# 权重学习
for i in range(HIDDENNO):
  wo[i] += ALPHA * hi[i] * d
# 阈值学习
wo[HIDDENNO] += ALPHA * (-1.0) * d
```

上述变量 o 表示神经网络的输出，列表中的元素 e[INPUTNO]存储的
是监督数据。全局变量 ALPHA 表示学习系数。其他变量与上文所示的
nn.py 程序相同。输出层权重的学习就是如何使用这些变量，以便在上述
代码中计算公式（4.7）的值。

接下来，流程（3-4）可以表示如下。

```python
# 以中间层的每个神经元 j 为对象
for j in range(HIDDENNO):
  dj = hi[j] * (1 - hi[j]) * wo[j] * (e[INPUTNO] - o) * o *
(1 - o)
  # 处理第 i 个神经元的权重
for i in range(INPUTNO):
  wh[j][i] +=ALPHA*e[i]*dj
# 阈值学习
wh[j][INPUTNO] += ALPHA * (-1.0) * dj
```

在此，也是通过计算所需的信息，进行公式（4.8）和公式（4.9）所
对应的计算，以此来实现中间层的学习。

基于上述的讨论和处理，可以构建 bp1.py 程序，其内部结构如图 4.14
所示。

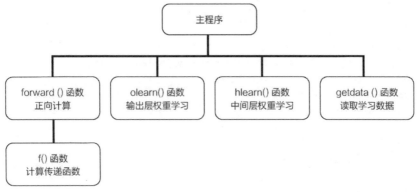

图 4.14　bp1.py 程序的内部结构

通过反向传播进行学习的 bp1.py 程序，具体内容如清单 4.3 所示。

清单 4.3　bp1.py 程序

```
1   # -*- coding: utf-8 -*-
2   """
3   bp1.py 程序
4   基于反向传播的神经网络学习
5   输出误差的变化和学习结果的连接权系数等
6   操作方法: c:¥>python bp1.py < data.txt
7   """
8   # 导入模块
9   import math
10  import sys
11  import random
12
13  # 全局变量
14  INPUTNO = 3        # 输入层单元数
15  HIDDENNO = 3       # 中间层单元数
16  ALPHA = 10         # 学习系数
17  SEED = 65535       # 随机数种子
18  MAXINPUTNO = 100   # 数据量上限
19  BIGNUM = 100.0     # 误差初始值
20  LIMIT = 0.001      # 误差上限值
21
22  # 子函数的定义
23  # getdata()函数
24  def getdata(e):
25      """读取学习数据"""
```

```
26    n_of_e = 0  # 数据集个数
27    # 输入数据
28    for line in sys.stdin:
29      e[n_of_e] = [float(num) for num in line.split()]
30      n_of_e += 1
31    return n_of_e
32  # getdata()函数结束
33
34  # forward()函数
35  def forward(wh, wo, hi, e):
36    """正向计算"""
37    # hi 计算
38    for i in range(HIDDENNO):
39      u = 0.0
40      for j in range(INPUTNO):
41        u += e[j] * wh[i][j]
42      u -= wh[i][INPUTNO]          # 阈值处理
43      hi[i] = f(u)
44    # 计算输出 o
45    o = 0.0
46    for i in range(HIDDENNO):
47      o += hi[i] * wo[i]
48    o -= wo[HIDDENNO]              # 阈值处理
49    return f(o)
50  # forward()函数结束
51
52  # f()函数
53  def f(u):
54  """计算传递函数"""
55    # 计算 S 型函数
56    return 1.0 / (1.0 + math.exp(-u))
57  # f()函数结束
58
59  # olearn()函数
60  def olearn(wo, hi, e, o):
61    """输出层权重学习"""
62    # 计算误差
63    d = (e[INPUTNO] - o) * o * (1 - o)
64    # 权重学习
65    for i in range(HIDDENNO):
66      wo[i] += ALPHA * hi[i] * d
67    # 阈值学习
68    wo[HIDDENNO] += ALPHA * (-1.0) * d
```

```
69    return
70 # olearn()函数结束
71
72 # hlearn()函数
73 def hlearn(wh, wo, hi, e, o):
74    """中间层权重学习"""
75    # 以中间层各单位为对象
76    for j in range(HIDDENNO):
77       dj = hi[j] * (1 - hi[j]) * wo[j] * (e[INPUTNO] - o) * o * (1 - o)
78       # 第 i 个权重处理
79       for i in range(INPUTNO):
80          wh[j][i] += ALPHA * e[i] * dj
81       # 阈值学习
82       wh[j][INPUTNO] += ALPHA * (-1.0) * dj
83    return
84 # hlearn()函数结束
85
86 # 主程序
87 # 随机数初始化
88 random.seed(SEED)
89
90 # 准备变量
91 wh = [[random.uniform(-1, 1) for i in range(INPUTNO + 1)]
92    for j in range(HIDDENNO)]              # 中间层权重
93 wo = [random.uniform(-1, 1)
94    for i in range(HIDDENNO + 1)]           # 输出层权重
95 e = [[0.0 for i in range(INPUTNO + 1)]
96    for j in range(MAXINPUTNO)]             # 学习数据集
97 hi = [0 for i in range(HIDDENNO + 1)]      # 中间层输出
98 err = BIGNUM                               # 误差评估
99
100 # 输出连接载荷的初始值
101 print(wh, wo)
102
103 # 读取学习数据
104 n_of_e = getdata(e)
105 print("学习数据个数:", n_of_e)
106
107 # 学习
108 count = 0
109 while err > LIMIT:
110    err = 0.0
111    for j in range(n_of_e):
```

```
112        # 正向计算
113        o = forward(wh, wo, hi, e[j])
114        # 调整输出层权重
115        olearn(wo, hi, e[j], o)
116        # 调整中间层权重
117        hlearn(wh, wo, hi, e[j], o)
118        # 计算误差
119        err += (o - e[j][INPUTNO]) * (o - e[j][INPUTNO])
120    count += 1
121    # 输出误差
122    print(count, " ", err)
123 # 输出连接载荷
124 print(wh, wo)
125
126 # 输出与学习数据相对应的值
127 for i in range(n_of_e):
128    print(i, ":", e[i], "->", forward(wh, wo, hi, e[i]))
129 # bp1.py 结束
```

bp1.py 程序与 nn.py 程序的不同之处在于添加了反向传播学习。

在 bp1.py 程序的主程序部分，除了与 nn.py 程序相同的正向计算之外，还添加了反向传播所需的 hlearn() 函数和 olearn() 函数，主要用于学习中间层和输出层的权重和阈值。这部分的处理由程序的第 109 行开始的 while 语句反复执行。程序反复学习，直至误差值小于或等于设定的值（全局变量 LIMIT）。因此，只要学习数据中不存在阻碍学习的矛盾之处，bp1.py 程序就可以持续学习下去。

待反向传播学习结束后，将输出所获得的权重值（第 124 行），并且将与给定的学习数据相对应的输出值和监督数据一并输出（第 127～129 行），至此，程序结束。

在 bp1.py 程序中，用于处理中间层学习的 hlearn() 函数从第 72 行开始。处理的内容与前面所示的流程（3-4）的计算处理相同。用于处理输出层学习的 olearn() 函数从第 59 行开始，处理内容与流程（3-3）相对应。

bp1.py 程序的实际运行情况如执行示例 4.6 所示。在执行示例 4.6 中，直接使用了表 4.3 的设置，并且使用了大数逻辑的值作为学习数据。大数逻辑是指将输入的 0 和 1 中个数多的一方作为输出的逻辑运算。

执行示例 4.6　bp1.py 程序的执行示例（1）

　　3 个输入的大数逻辑学习的示例如下。

```
C:\Users\odaka\ndl\ch4>type majority.txt
1 1 1 1
1 1 0 1
1 0 1 1
1 0 0 0
0 1 1 1
0 1 0 0
0 0 1 0
0 0 0 0
```

majority.txt 文件中存储了大数逻辑值

基于 bp1.py 程序的大数逻辑学习

```
C:\Users\odaka\ndl\ch4>python bp1.py < majority.txt
[[-0.925906767990863, 0.688672770156115, -0.11911403043792945,
-0.7491565189152196], [0.8469865864702797, -0.16326242750044173,
-0.7761904998208176, -0.365953145559027], [-0.0959230259709527,
-0.2929600721894223, -0.8177357954020492, 0.5131930573240098]]
[0.19620213945950393, -0.608695460668065, 0.5487847569226301,
0.3142781755208408]
学习数据个数: 8
```

```
1    2.38446663205996
2    3.85847537474007
3    4.675552943484437
4    3.9029929147592273
5    4.918650647813555
6    3.8778310053953966
7    4.674846510762001
8    5.107429720986198
9    2.453138243192818
10   6.049509580656767
11   2.214857810459818
12   3.8638039130991855
（以下持续输出）
```

随着学习的推进，误差值不断下降

```
214   0.0010121774898361792
215   0.0010079019367963502
216   0.0010036635195662996
217   0.0009994617445418191
```

重复了 217 次后，达到了设定的条件，至此学习结束

```
[[0.3931718940203182, 1.5033880537790971, 1.4893797796304782,
-3.3165899679409985], [1.6374478891251343, 0.726129011437111,
1.106154699937934, -2.823851243233058], [5.801600311052225,
5.1415262718735715, 5.792109800358588, 8.25482184638494]]
[-1.3195701430719555, -0.6237939253153992, 10.063617093930711,
```

```
3.1452707663594293]
0 : [1.0, 1.0, 1.0, 1.0] -> 0.9931434006850453
1 : [1.0, 1.0, 0.0, 1.0] -> 0.9871929887362895

2 : [1.0, 0.0, 1.0, 1.0] -> 0.9904329108459169
3 : [1.0, 0.0, 0.0, 0.0] -> 0.014023376371903389
4 : [0.0, 1.0, 1.0, 1.0] -> 0.9870906884949692
5 : [0.0, 1.0, 0.0, 0.0] -> 0.00963827886986574
6 : [0.0, 0.0, 1.0, 0.0] -> 0.013710660764973473
7 : [0.0, 0.0, 0.0, 0.0] -> 0.006660601427138599
```

获得大数逻辑的输入与输出的关系

```
C:¥Users¥odaka¥ndl¥ch4>
```

　　大数逻辑的真值和 bp1.py 程序的学习结果可以对照表 4.3。如执行示例 4.6 和表 4.3 所示，bp1.py 程序正确地学习了大数逻辑运算。

表 4.3　大数逻辑真值和 bp1.py 程序学习结果的比较

输入值			大数逻辑值（真值）	学习结果
1	1	1	1	0.9931434006850453
1	1	0	1	0.9871929887362895
1	0	1	1	0.99043291084591696
1	0	0	0	0.014023376371903389
0	1	1	1	0.9870906884949692
0	1	0	0	0.00963827886986574
0	0	1	0	0.013710660764973473
0	0	0	0	0.006660601427138599

　　图 4.15 显示了执行示例 4.6 所呈现的学习次数和误差值之间的关系。在图 4.15 中，在学习进行到第 37 次左右时，误差几乎已是最小值，之后再经过 180 次左右的反复，误差低于设定值，学习结束。

　　下面分析另一个学习案例。此案例同样使用了 bp1.py 程序，但更改了其中的输入数，用于学习其他数据。例如，假设输入数为 10，中间层的人工神经元的个数为 10，并提供了第 2 章中使用的 ldata.txt 作为学习数据来学习。bp1.py 程序的更改之处如下。

```
14    INPUTNO = 3        # 输入层单元数
15    HIDDENNO = 3       # 中间层单元数
```
　　　　　　⬇ 变更
```
14    INPUTNO = 10       # 输入层单元数
15    HIDDENNO = 10      # 中间层单元数
```

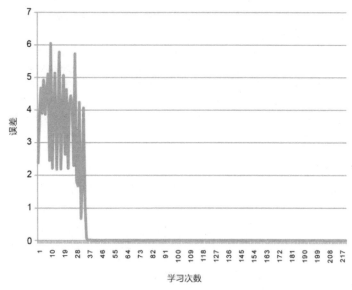

图 4.15　执行示例 4.6 所呈现的学习次数和误差值之间的关系

　　执行示例 4.7，显示了系统在上述设置下学习 ldata.txt 的实际情况。在这种情况下，由于输出数据变得很庞大，所以执行示例 4.7 中省略了程序的大部分输出。此外，需要注意的是，执行示例 4.7 中所显示的重复次数等执行结果，有时会因 Python 处理程序的版本差异而有所不同。

执行示例 4.7　bp1.py 程序的执行示例（2）

```
C:¥Users¥odaka¥ndl¥ch4>python bp1.py < ldata.txt
[[-0.925906767990863, 0.688672770156115, -0.11911403043792945,
（以下，输出权重初始值）
学习数据个数：100
1 34.67188606544708
2 24.12058481594654
3 23.997584269463434
4 23.997344303662913
5 23.9970519527263
6 23.99668802923778
（以下，持续输出）
4010 22.682799448958427
4011 18.176240503326504
4012 11.5681212214991
4013 2.2717123981742415
4014 0.028080226286539715
4015 4.843670069441716e-05
```

反复学习 4015 次，学习结束

```
[[0.001147278644678489, 2.065506776851135, 2.892934097778639,
（以下，持续输出权重学习结果）
0 : [1.0, 0.0, 0.0, 0.0, 0.0, 0.0, 1.0, 0.0, 0.0, 1.0, 1.0] -> 0.9999999985034176
1 : [0.0, 1.0, 0.0, 1.0, 0.0, 1.0, 1.0, 1.0, 0.0, 1.0, 1.0] -> 0.9999962985732127
2 : [0.0, 1.0, 0.0, 0.0, 0.0, 1.0, 1.0, 0.0, 1.0, 0.0, 0.0] -> 7.967952706832447e-05
3 : [1.0, 0.0, 0.0, 1.0, 0.0, 1.0, 1.0, 0.0, 1.0, 1.0, 1.0] -> 0.9999999984832111
4 : [1.0, 0.0, 0.0, 1.0, 1.0, 0.0, 1.0, 1.0, 1.0, 1.0, 0.0] -> 2.1964068937137657e-05
（以下，输出基于学习结果的计算输出）


C:¥Users¥odaka¥ndl¥ch4>
```

在执行示例 4.7 中，到学习结束为止，需要重复学习 4015 次。学习的重复次数可以通过更改学习系数 ALPHA 进行调整。此时，通过减小学习系数 ALPHA，可以使初期的学习变得更精细。例如，在清单 4.3 中，ALPHA 为 10，但如果将其设置为 3，则会大大改善学习情况。在清单 4.3 的 bp1.py 程序中，如果想将学习系数 ALPHA 调整为 3，需将程序的第 16 行做出以下变更。

```
16      ALPHA = 10          # 学习系数
```
                    ⬇ 变更
```
16      ALPHA = 3           # 学习系数
```

执行示例 4.8 显示了学习系数 ALPHA 为 3 时的执行结果。

执行示例 4.8　bp1.py 程序的执行示例（3）

在 10 个输入端的学习（ldata.txt）中，当学习系数 ALPHA 设置为 3 时的执行示例如下。

```
C:¥Users¥odaka¥ndl¥ch4>python bp1.py < ldata.txt
[[-0.925906767990863, 0.686672770156115, -0.11911403043792945,
...（以下，输出权重初始值）
学习数据的个数:100
1 21.75793425264764
2 17.07561114159717
3 5.719344440264153
4 0.24978705335731213
5 0.1504302260126133
6 0.10873040154983066
（以下，持续输出）
292 0.0010162620095747728
293 0.001012475740430337
294 0.0010087165933007662
```

```
295 0.0010049842817070837
296 0.0010012785231618482                    反复学习 297 次，学习结束
297 0.0009975990391002522
[[-0.6815642590300828, 0.5659533216566544, 1.3480139486726725, …
（以下省略）
```

如执行示例 4.8 所示，与学习系数 ALPHA 为 10 的学习的初期阶段的情况相比，在 ALPHA 为 3 的情况下，到完成学习为止，学习的反复次数缩小到了 1/10 以下。这主要是因为，通过调节学习系数可以使每次学习引发的变化量控制在较小的范围内，这样一来可以使学习变得更稳定。

但是，如果进一步减小学习系数 ALPHA，会出现什么情况呢？执行示例 4.9 显示了 ALPHA 为 1 时的运行结果。此时的学习进展缓慢，到完成学习为止的反复次数则变成了 853 次。这是因为如果学习系数过小，每次学习的变化量会太小，学习所需的反复次数就会增加。

执行示例 4.9　bp1.py 程序的执行示例（4）

在 10 个输入端的学习（ldata.txt）中，当学习系数 ALPHA 设置为 1 时的执行示例如下。

```
C:¥Users¥odaka¥ndl¥ch4>python bp1.py < ldata.txt
[[-0.925906767990863, 0.688672770156115, -0.11911403043792945,
… （以下，输出权重的初始值）
学习数据的个数: 100
1 20.321267961435307
2 17.489040160814717
3 13.084690139484223
4 7.6903431477039765
5 3.6371073882376317
6 1.8044329095932223
（以下，持续输出）
847 0.0010074680304612026
848 0.0010061505663979241
849 0.0010048364099822062
850 0.0010035255489614895
851 0.001002217971143121           反复学习 853 次，学习结束
852 0.001000913664394057
853 0.0009996126166404713
[-0.5844197201824947,0.233331590663429,1.5620221925437456,……
（以下省略）
```

上述示例 4.8 及执行示例 4.9 所对应的学习次数和误差值的关系如

图 4.16 所示。通过调整学习系数 ALPHA，学习的进展状况发生了很大变化。一般来说，在神经网络的学习中，学习系数和随机数的初始值，或者中间层人工神经元的个数等网络参数，在某种程度上都可以任意设置。但是，通过改变这些参数，会使学习的进展情况发生很大的变化。因此，在使用神经网络时，需要尝试各种参数设置，在这个过程中找出最佳设置。

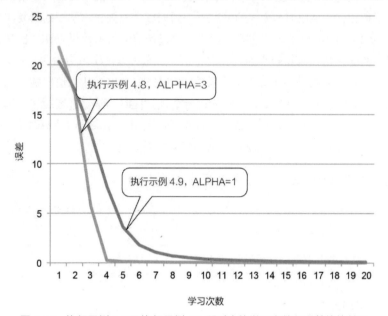

图 4.16　执行示例 4.8 及执行示例 4.9 所对应的学习次数和误差值的关系

第 **5** 章

深 度 学 习

　　本章以第 4 章所介绍的神经网络技术为基础，具体介绍深度学习中常用的几种技术。首先，了解一下深度学习研究中共通的基本思路。其次，通过具体的程序实例展示深度学习中卷积神经网络和自编码器的技术应用。

5.1　深度学习的基础概念

下面介绍深度学习的基础概念。

5.1.1　传统神经网络的局限性和深度学习的创新

如第 4 章所述，神经网络是一个灵活且具有强大学习能力的系统。从原理上来说，神经网络可以学习任何数据，可以从复杂庞大的学习数据中获取知识。随着互联网的发展，大规模数据变得越来越容易被获取，对大规模数据使用神经网络进行机器学习的需求大大提高了。

近年来，计算机硬件的高度集成化也促进了神经网络学习技术的发展。随着神经网络规模的扩大，神经网络的计算处理量也急剧增大。如何处理如此庞大的数据呢？以前需要被称为超级计算机的计算巨额数值专用的计算机系统。但是现在，即使是个人计算机中使用的普通 CPU，也和以前的超级计算机的处理系统一样高速。而且，近年来的 CPU 或 OS 中也可以使用物美价廉的大容量内存条。因此，在以前难以实现的大规模计算，现在也可以通过个人计算机来实现。

另外，图像显示装置（Graphics Processing Unit，GPU）技术，也取得了突破性的进展，用于并行计算 GPU 的通用图形处理装置（General Purpose Computing on GPU，GPGPU）技术也得到了广泛的应用。

使用 GPGPU 可以并行执行像神经网络学习过程一样的浮点计算。在神经网络的学习过程中，很多时候都可以对不同的人工神经元并行执行相同的处理，因此使用 GPGPU 进行并行处理可以非常有效地缩短计算时间（见图 5.1）。

但是实际上，处理复杂而庞大的学习数据往往会面临很多难题。例如，第 4 章所述的分层网络的反向传播学习，处理的是 3 层网络，每层的人工神经元最多是 10 个。这个规模程度的神经网络应付学习是不成问题的。但是，如果处理更加复杂且庞大的学习数据，就需要能存储及处理相应规模的复杂且庞大的神经网络。也就是说，需要增加神经网络的层次和构成各层次的人工神经元的个数（见图 5.2）。

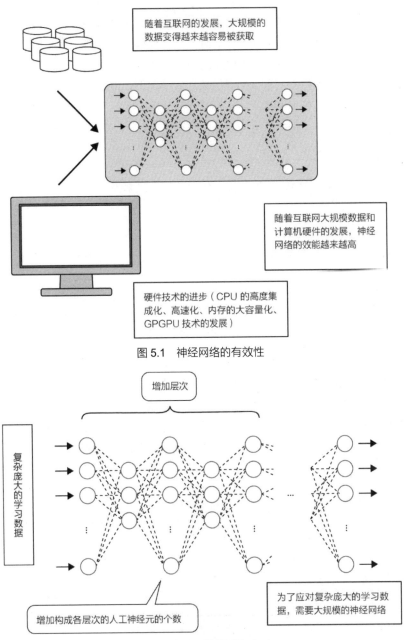

随着互联网的发展，大规模的数据变得越来越容易被获取

随着互联网大规模数据和计算机硬件的发展，神经网络的效能越来越高

硬件技术的进步（CPU 的高度集成化、高速化、内存的大容量化、GPGPU 技术的发展）

图 5.1　神经网络的有效性

增加层次

复杂庞大的学习数据

增加构成各层次的人工神经元的个数

为了应对复杂庞大的学习数据，需要大规模的神经网络

图 5.2　学习和神经网络（1）

在如此大规模的神经网络中，反向传播学习可能很难顺利地推进。首先，通过反向传播搜索权重和阈值时，由于搜索对象的数量过于庞大，因

此很难找到最佳值。最后可能只搜索到依赖于初始值的局部解，而无法搜索到最佳权重和阈值。如此一来，神经网络就很难充分地学习。如果要解决这一问题，须将权重和阈值的搜索范围设置为与问题相对应的合适值，使之能更有效地搜索空间。但是，在通常情况下，很难获知哪里才是合适的搜索区域（见图 5.3）。

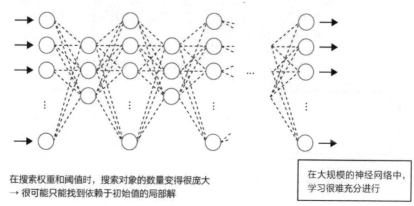

在搜索权重和阈值时，搜索对象的数量变得很庞大
→ 很可能只能找到依赖于初始值的局部解

在大规模的神经网络中，学习很难充分进行

图 5.3　学习和神经网络（2）

另一个问题是，在多层的分层网络中，误差反向传播很难顺利推进，即在从输出向输入传递误差的过程中，随着权重、传递函数的微分值的积不断累积，误差值不断缩小，最后导致学习无法继续推进。特别是在使用 S 型函数作为传递函数的情况下，由于微分值总是小于 1，因此在多层网络中这个问题就显得尤为突出，这种情况被称为梯度消失问题（见图 5.4）。

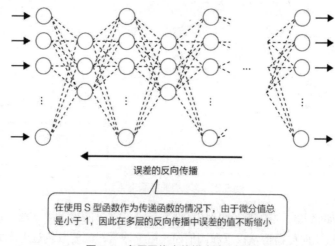

误差的反向传播

在使用 S 型函数作为传递函数的情况下，由于微分值总是小于 1，因此在多层的反向传播中误差的值不断缩小

图 5.4　多层网络中的梯度消失问题

针对这些问题，业界提出了各种各样的解决方法。例如，使用卷积神经网络或自编码器（auto encoder）的学习方法。卷积神经网络学习方法通过改善神经网络的结构来解决学习上的困难。自编码器学习方法通过改善学习方法来解决上述问题。下面分析这些方法是如何运作的。

5.1.2　卷积神经网络

正如第 1 章中介绍的，卷积神经网络作为图像识别领域的深度学习方法，显示出了优越的性能，从而广为人知。卷积神经网络的基本思路是使用专门针对问题的网络结构，使多层结构的网络更精简，使网络学习更顺畅。

用于图像识别的卷积神经网络，其基本结构是模拟生物的视觉神经网络。卷积神经网络的基本结构如图 5.5 所示。

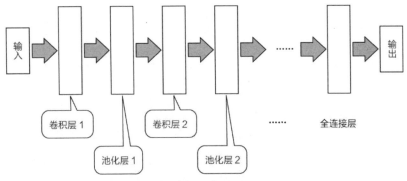

图 5.5　卷积神经网络的基本结构

图 5.5 中的卷积神经网络是多层的分层神经网络。在第 4 章所介绍的分层神经网络中，各分层结构相似，之间的连接方式为全连接。而在卷积神经网络中，则设有卷积层（convolutional layer）和池化层（pooling layer）。在这些分层内部，并不是相邻的两个分层中所有的人工神经元都连接在了一起，只有特定的人工神经元才彼此连接。此外，每个分层的处理方式都不同。

卷积层和池化层经过层叠后，在最终输出前还使用了第 4 章中介绍的全连接神经网络。

卷积层的作用是提取输入信号中所包含的特征。举例说明，如果输入信号是二维图像，卷积层将提取纵向或横向的图形部分，或者提取图像的特定空间频率。这些功能通常称为图像过滤功能。在卷积神经网络中，可以利用神经网络的学习功能来自动获取图像过滤功能。在实际的卷积神经网络中，通常会在某个卷积层中配置多个具有图像过滤功能的人工神经元。

卷积层的基本结构如图 5.6 所示。图 5.6 中显示的是单个图像过滤器的结构。另外，在卷积层的人工神经元和上一层的人工神经元的连接关系中，实线所示的人工神经元表示卷积层中单个人工神经元的具体情况。实际上，虚线所示的其他人工神经元也和实线所示的人工神经元一样，根据所配置的位置，分别与上一层的人工神经元连接。

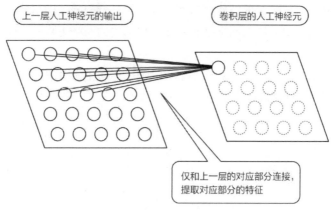

图 5.6　卷积层的基本结构

在图 5.6 中，卷积层中的每个人工神经元只与上一层人工神经元所对应位置的 1 个人工神经元及其周围的 8 个人工神经元（共计 9 个人工神经元）连接。假设上一层存储的数据为二维图像，那么下一层的人工神经元只与上一层特定的图像周围的人工神经元连接。之所以采用这样的结构，是为了使下一层的人工神经元能够提取上一层中特定图像的特征。从这个意义上来说，下一层的人工神经元发挥的是图像过滤器的作用。

如此一来，下一层的人工神经元只接收上一层的一部分信息，然后提取这部分信息的特征并输出。由于卷积层对连接进行了限定，因此与全连接的情况相比，可以大大减少学习的搜索范围。另外，与上一层的人工神经元的个数相比，卷积层的人工神经元的输入个数较少，从这一点上也缩小了搜索范围。此外，作为特征提取的过滤器，每个人工神经元的权重值都是相同的。通过这样的处理，用卷积神经网络就可以处理深度学习中的大规模神经网络学习。

池化层的作用是通过模糊输入信号来增强信息对位置偏移的鲁棒性。因此，在池化层中，每个人工神经元只与上一层中某个特定的狭窄区域连接。然后，计算上一层这个特定区域中的平均值或最大值并输出。在此，也是通过限定连接并压缩信息，以使神经网络的学习变得更容易。

池化层的结构如图 5.7 所示。图中池化层的人工神经元和上一层人工神经元的连接关系仅显示了实线所示的单个人工神经元的部分。实际上，虚线所示的其他人工神经元也与实线表示的人工神经元相同，根据配置的位置分别与上一层的人工神经元连接。

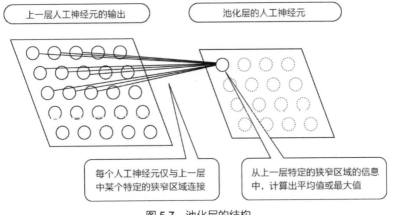

图 5.7　池化层的结构

在卷积神经网络中，卷积层和池化层交替堆叠之后，再使用全连接的分层网络输出图像分类信号，以此作为最终输出。如上所述，卷积神经网络虽然是大规模的分层网络，但是通过上述处理，也可用于监督学习。

5.1.3　使用自编码器的学习方法

在多层神经网络进行学习时，也可以通过改变学习方法，让学习变得更顺利。下面分析如何使用自编码器来推进多层神经网络学习。

自编码器如图 5.8 所示。自编码器是一个极为普通的分层神经网络。其特征是输入和输出的数量相同，中间层的人工神经元的个数比输入和输出的数量少。

在使用自编码器学习时，输出值与给出的输入值保持相同。自编码器是层数较少的普通分层神经网络，因此，在学习中也可以使用反向传播等算法。此外，在自编码器学习数据中不包含明确的监督信息，因此，自编码器的学习相当于无监督学习。

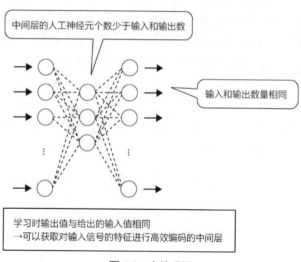

图 5.8　自编码器

在此，读者可能会认为，即便通过神经网络的处理获得与输入相同值的输出，也没有什么意义。但是，实际上，自编码器并不是以获得输出值为目的的，而是用于获取输入数据的特征，并将这些特征存储在神经网络内部。具体来说，是神经网络学习使输入值和输出值保持一致，因此在学习结束时，可以以中间层的具体状态来获取输入数据的特征。如此一来，可以用将中间层的人工神经元个数设置为少于输入数据个数这个方法来提取大规模的输入数据的特征。这种神经网络可以自动获得对输入数据特征进行高效编码的中间层，因此称为自编码器。

由于自编码器可以提取和表示输入数据的特征，因此可以用于多层神经网络学习。也就是说，可以通过堆叠自编码器来构建用于特征提取的多层网络，最后通过添加用于识别的神经网络来构建用于识别输入数据的神经网络。

总之，多层自编码器学习的具体流程可以归纳如下。

（1）由学习对象最初的 3 层神经网络构成自编码器，并学习自编码器。

（2）利用最初层的学习结果学习接下来的 3 层神经网络所构成的自编码器。

（3）重复上述步骤，构建多层自编码器。

（4）利用多层自编码器的输出进行神经网络学习，用以识别输入信号。

多层自编码器学习的具体流程如图 5.9 所示。

如此一来，通过逐步学习的方式解决了多层网络中的学习问题。

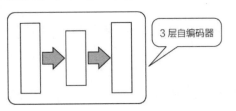

（a）由学习对象最初的 3 层神经网络构成自编码器，并学习自编码器

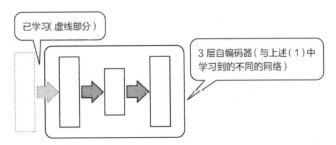

（b）利用最初层的学习结果学习由接下来的 3 层神经网络所构成的自编码器

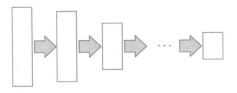

（c）重复上述步骤，构建多层自编码器

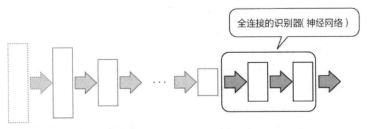

（d）利用多层自编码器的输出进行全连接神经网络学习，用以识别输入信号

图 5.9　多层自编码器学习的具体流程

5.2 深度学习的实战应用

本节将讨论如何用程序来实现前文所述的卷积神经网络和3层自编码器。

5.2.1 卷积运算的实现

实现卷积神经网络需要一些准备，要将图 5.6 和图 5.7 所示的卷积层和池化层计算过程先用程序处理一遍。

> 卷积层的计算步骤如下。
> （1）卷积过滤器初始化。
> （2）卷积计算。
> （3）池化计算。
> （4）输出结果。

在上述步骤中，步骤（2）的卷积计算步骤具体如下。

> （2）卷积计算对输入数据的全部区域重复以下操作。
>   （2-1）将过滤器的各点与输入数据的对应点重叠，计算每个像素的乘积之和。
>   （2-2）将上一步骤所求出的值进行卷积，添加到输出数据中。

此外，步骤（3）的池化计算具体步骤如下。在此，选择像素中的最大值，进行最大值池化（max pooling）。

> （3）对输入数据全部区域重复以下操作。
>   （3-1）选择输入数据的某一点。
>   （3-2）搜索上述像素周边区域，将其中的最大值作为输出数据。

通过上述处理，可以构建 cp.py 程序，其内部结构如图 5.10 所示。

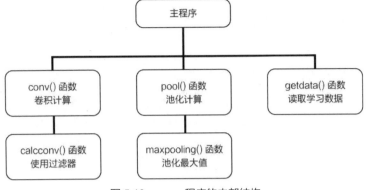

图 5.10 cp.py 程序的内部结构

cp.py 程序的具体内容如清单 5.1 所示。

清单 5.1 cp.py 程序

```
1   # -*- coding: utf-8 -*-
2   """
3   cp.py 程序
4   卷积和池化处理
5   读取二维数据，进行卷积和池化计算
6   操作方法: c:¥>python cp.py < data1.txt
7   """
8   # 导入模块
9   import math
10  import sys
11
12  # 全局变量
13  INPUTSIZE = 11          # 输入数据
14  FILTERSIZE = 3          # 过滤器大小
15  POOLSIZE = 3            # 池化大小
16  POOLOUTSIZE = 3         # 池化输出的大小
17
18  # 子函数的定义
19  # getdata()函数
20  def getdata(e):
21    """读取学习数据"""
22    n_of_e = 0            # 数据集行数
23    # 输入数据
24    for line in sys.stdin:
25      e[n_of_e] = [float(num) for num in line.split()]
26      n_of_e += 1
```

```
27    return
28  # getdata()函数结束
29
30  # conv()函数
31  def conv(filter, e, convout):
32    """卷积计算"""
33    startpoint = math.floor(FILTERSIZE / 2)     # 卷积范围下限
34    endpoint = INPUTSIZE - startpoint           # 卷积范围上限
35    for i in range(startpoint, endpoint):
36      for j in range(startpoint, endpoint):
37        convout[i][j] = calcconv(filter, e, i, j)
38    return
39  # conv()函数结束
40
41  # calcconv()函数
42  def calcconv(filter, e, i, j):
43    """使用过滤器"""
44    r = math.floor(FILTERSIZE / 2)              #重复范围
45    sum = 0.0
46    for m in range(FILTERSIZE):
47      for n in range(FILTERSIZE):
48        sum += e[i - r + m][j - r + n] * filter[m][n]
49    return sum
50  # calcconv()函数结束
51
52  # pool()函数
53  def pool(convout, poolout):
54    """池化计算"""
55    for i in range(POOLOUTSIZE):
56      for j in range(POOLOUTSIZE):
57        poolout[i][j] = maxpooling(convout, i, j)
58    return
59  # pool()函数结束
60
61  # maxpooling()函数
62    def maxpooling(convout, i, j):
63    """池化最大值"""
64    # 值的设定
65    h = math.floor(POOLSIZE / 2)                # 池化大小的 1/2
66    max = convout[i * POOLOUTSIZE + 1+ h][j * POOLOUTSIZE + 1 + h]
67    mstart = POOLOUTSIZE * i + 1                # m 初始值
68    mend = POOLOUTSIZE * i + 1 + POOLSIZE - h + 1  # m 结束值
69    nstart = POOLOUTSIZE * j + 1                # n 初始值
```

```
70      nend = POOLOUTSIZE * j + 1 + POOLSIZE - h + 1   # n 结束值
71    # 搜索最大值
72    for m in range(mstart, mend):
73      for n in range(nstart, nend):
74        if max < convout[m][n]:
75          max = convout[m][n]
76    return max
77  # maxpooling() 函数结束
78
79  # 主程序
80  # filter = [[0, 0, 0], [1, 1, 1], [0, 0, 0]]     # 横向过滤器
81  filter = [[0, 1, 0], [0, 1, 0], [0, 1, 0]]       # 纵向过滤器
82  e = [[0.0 for i in range(INPUTSIZE)]
83    for j in range(INPUTSIZE)]                     # 输入数据
84  convout = [[0.0 for i in range(INPUTSIZE)]
85      for j in range(INPUTSIZE)]                   # 卷积输出
86  poolout = [[0.0 for i in range(POOLOUTSIZE)]
87      for j in range(POOLOUTSIZE)]                 # 输出数据
88
89  # 读取输入数据
90  getdata(e)
91
92  # 卷积计算
93  conv(filter, e, convout)
94  for i in convout:
95    print(i)
96
97  # 池化计算
98  pool(convout, poolout)
99
100 # 输出结果
101 for i in poolout:
102   print(i)
103 # cp.py 结束
```

cp.py 程序中从第 13 行到第 15 行将输入数据的大小、过滤器的大小以及池化结果的输出大小定义为全局变量，具体内容如下。

```
13  INPUTSIZE = 11          # 输入数据
14  FILTERSIZE = 3          # 过滤器大小
15  POOLSIZE = 3            # 池化大小
16  POOLOUTSIZE = 3         # 池化输出大小
```

在清单 5.1 中，输入数据是 11×11 正方形的二维数据，过滤器的大小

为 3×3，池化大小为 3×3，池化输出大小为 3×3。

cp.py 程序在第 81 行将长宽为 FILTERSIZE×FILTERSIZE 大小的过滤器定义为列表 filter[][]。在清单 5.1 中，显示的是纵向过滤器的初始化，用于搜索纵向中有一列为 1，其他列为 0 的行。

```
80 #filter = [[0, 0, 0], [1, 1, 1], [0, 0, 0]]    # 横向过滤器
81 filter = [[0, 1, 0], [0, 1, 0], [0, 1, 0]]     # 纵向过滤器
```

纵向过滤器初始化

在此，如果去掉第 80 行的注释代码，替换成在第 81 行中添加注释代码，就会转变为搜索横向列的过滤器。

横向过滤器初始化

```
80 filter = [[0, 0, 0], [1, 1, 1], [0, 0, 0]]     # 横向过滤器
81 #filter = [[0, 1, 0], [0, 1, 0], [0, 1, 0]]    # 纵向过滤器
```

cp.py 程序的运行情况具体如执行示例 5.1 所示。在执行示例 5.1 中，输入数据给出了纵向数据（data1.txt）、横向数据（data2.txt）和斜方向数据（data3.txt）。它们都将每个原始数据的特征提取为 3×3 的小输出。

执行示例 5.1　cp.py 程序的执行示例（1）：基于纵向过滤器的执行结果

```
C:\Users\odaka\ndl\ch5>type data1.txt
0 0 0 0 0 1 0 0 0 0 0
0 0 0 0 0 1 0 0 0 0 0
0 0 0 0 0 1 0 0 0 0 0
0 0 0 0 0 1 0 0 0 0 0
0 0 0 0 0 1 0 0 0 0 0
0 0 0 0 0 1 0 0 0 0 0
0 0 0 0 0 1 0 0 0 0 0
0 0 0 0 0 1 0 0 0 0 0
0 0 0 0 0 1 0 0 0 0 0
0 0 0 0 0 1 0 0 0 0 0
0 0 0 0 0 1 0 0 0 0 0

C:\Users\odaka\ndl\ch5> python cp.py < data1.txt
[0.0, 0.0, 0.0, 0.0, 0.0, 0.0, 0.0, 0.0, 0.0, 0.0, 0.0]
[0.0, 0.0, 0.0, 0.0, 0.0, 3.0, 0.0, 0.0, 0.0, 0.0, 0.0]
[0.0, 0.0, 0.0, 0.0, 0.0, 3.0, 0.0, 0.0, 0.0, 0.0, 0.0]
[0.0, 0.0, 0.0, 0.0, 0.0, 3.0, 0.0, 0.0, 0.0, 0.0, 0.0]
[0.0, 0.0, 0.0, 0.0, 0.0, 3.0, 0.0, 0.0, 0.0, 0.0, 0.0]
```

data1.txt 中是由纵向数据排列而成的图形

```
[0.0, 0.0, 0.0, 0.0, 0.0, 3.0, 0.0, 0.0, 0.0, 0.0, 0.0]
[0.0, 0.0, 0.0, 0.0, 0.0, 3.0, 0.0, 0.0, 0.0, 0.0, 0.0]
[0.0, 0.0, 0.0, 0.0, 0.0, 3.0, 0.0, 0.0, 0.0, 0.0, 0.0]
[0.0, 0.0, 0.0, 0.0, 0.0, 3.0, 0.0, 0.0, 0.0, 0.0, 0.0]
[0.0, 0.0, 0.0, 0.0, 0.0, 3.0, 0.0, 0.0, 0.0, 0.0, 0.0]
[0.0, 0.0, 0.0, 0.0, 0.0, 0.0, 0.0, 0.0, 0.0, 0.0, 0.0]
```

通过纵向过滤器的卷积，提取出存在纵向特征的数据

```
[0.0, 3.0, 0.0]
[0.0, 3.0, 0.0]
[0.0, 3.0, 0.0]
```

通过池化，提取了纵向特征数据

```
C:\Users\odaka\ndl\ch5>type data2.txt
0 0 0 0 0 0 0 0 0 0 0
0 0 0 0 0 0 0 0 0 0 0
0 0 0 0 0 0 0 0 0 0 0
0 0 0 0 0 0 0 0 0 0 0
0 0 0 0 0 0 0 0 0 0 0
1 1 1 1 1 1 1 1 1 1 1
0 0 0 0 0 0 0 0 0 0 0
0 0 0 0 0 0 0 0 0 0 0
0 0 0 0 0 0 0 0 0 0 0
0 0 0 0 0 0 0 0 0 0 0
0 0 0 0 0 0 0 0 0 0 0
```

data2.txt 中是由横向数据排列而成的图形

```
C:\Users\odaka\ndl\ch5> python cp.py < data2.txt
[0.0, 0.0, 0.0, 0.0, 0.0, 0.0, 0.0, 0.0, 0.0, 0.0, 0.0]
[0.0, 0.0, 0.0, 0.0, 0.0, 0.0, 0.0, 0.0, 0.0, 0.0, 0.0]
[0.0, 0.0, 0.0, 0.0, 0.0, 0.0, 0.0, 0.0, 0.0, 0.0, 0.0]
[0.0, 0.0, 0.0, 0.0, 0.0, 0.0, 0.0, 0.0, 0.0, 0.0, 0.0]
[0.0, 1.0, 1.0, 1.0, 1.0, 1.0, 1.0, 1.0, 1.0, 1.0, 0.0]
[0.0, 1.0, 1.0, 1.0, 1.0, 1.0, 1.0, 1.0, 1.0, 1.0, 0.0]
[0.0, 1.0, 1.0, 1.0, 1.0, 1.0, 1.0, 1.0, 1.0, 1.0, 0.0]
[0.0, 0.0, 0.0, 0.0, 0.0, 0.0, 0.0, 0.0, 0.0, 0.0, 0.0]
[0.0, 0.0, 0.0, 0.0, 0.0, 0.0, 0.0, 0.0, 0.0, 0.0, 0.0]
[0.0, 0.0, 0.0, 0.0, 0.0, 0.0, 0.0, 0.0, 0.0, 0.0, 0.0]
[0.0, 0.0, 0.0, 0.0, 0.0, 0.0, 0.0, 0.0, 0.0, 0.0, 0.0]
```

通过纵向过滤器的卷积，提取出具有纵向特征的数据

```
[0.0, 0.0, 0.0]
[0.0, 0.0, 0.0]
```

池化结果，精炼地显示出了原始图像的横向特征

```
C:\Users\odaka\ndl\ch5>type data3.txt
1 0 0 0 0 0 0 0 0 0 0
0 1 0 0 0 0 0 0 0 0 0
0 0 1 0 0 0 0 0 0 0 0
0 0 0 1 0 0 0 0 0 0 0
```

```
0 0 0 0 1 0 0 0 0 0 0
0 0 0 0 0 1 0 0 0 0 0
0 0 0 0 0 0 1 0 0 0 0
0 0 0 0 0 0 0 1 0 0 0
0 0 0 0 0 0 0 0 1 0 0
0 0 0 0 0 0 0 0 0 1 0
0 0 0 0 0 0 0 0 0 0 1
```

data3.txt 是斜方向排列的图形

```
C:¥Users¥odaka¥ndl¥ch5> python cp.py < data3.txt
[0.0, 0.0, 0.0, 0.0, 0.0, 0.0, 0.0, 0.0, 0.0, 0.0, 0.0]
[0.0, 1.0, 1.0, 0.0, 0.0, 0.0, 0.0, 0.0, 0.0, 0.0, 0.0]
[0.0, 1.0, 1.0, 1.0, 0.0, 0.0, 0.0, 0.0, 0.0, 0.0, 0.0]
[0.0, 0.0, 1.0, 1.0, 1.0, 0.0, 0.0, 0.0, 0.0, 0.0, 0.0]
[0.0, 0.0, 0.0, 1.0, 1.0, 1.0, 0.0, 0.0, 0.0, 0.0, 0.0]
[0.0, 0.0, 0.0, 0.0, 1.0, 1.0, 1.0, 0.0, 0.0, 0.0, 0.0]
[0.0, 0.0, 0.0, 0.0, 0.0, 1.0, 1.0, 1.0, 0.0, 0.0, 0.0]
[0.0, 0.0, 0.0, 0.0, 0.0, 0.0, 1.0, 1.0, 1.0, 0.0, 0.0]
[0.0, 0.0, 0.0, 0.0, 0.0, 0.0, 0.0, 1.0, 1.0, 1.0, 0.0]
[0.0, 0.0, 0.0, 0.0, 0.0, 0.0, 0.0, 0.0, 1.0, 1.0, 0.0]
[0.0, 0.0, 0.0, 0.0, 0.0, 0.0, 0.0, 0.0, 0.0, 0.0, 0.0]
[1.0, 1.0, 0.0]
[1.0, 1.0, 1.0]
[0.0, 1.0, 1.0]
```

通过纵向过滤器的卷积提取出纵向特征的数据

池化结果，显示出了原始图像的斜方向特征

```
C:¥Users¥odaka¥ndl¥ch5>
```

如上文所述，通过替换程序中的第 80 行和第 81 行的注释代码，将纵向过滤器变更为横向过滤器后，程序的具体执行结果如执行示例 5.1 所示。与执行示例 5.1 不同，执行示例 5.2 是对横向的图像成分进行特征提取。

执行示例 5.2　cp.py 程序的执行示例（2）：基于横向过滤器的执行结果

```
C:¥Users¥odaka¥ndl¥ch5> python cp.py < data1.txt
[0.0, 0.0, 0.0, 0.0, 0.0, 0.0, 0.0, 0.0, 0.0, 0.0, 0.0]
[0.0, 0.0, 0.0, 0.0, 1.0, 1.0, 1.0, 0.0, 0.0, 0.0, 0.0]
[0.0, 0.0, 0.0, 0.0, 1.0, 1.0, 1.0, 0.0, 0.0, 0.0, 0.0]
[0.0, 0.0, 0.0, 0.0, 1.0, 1.0, 1.0, 0.0, 0.0, 0.0, 0.0]
[0.0, 0.0, 0.0, 0.0, 1.0, 1.0, 1.0, 0.0, 0.0, 0.0, 0.0]
[0.0, 0.0, 0.0, 0.0, 1.0, 1.0, 1.0, 0.0, 0.0, 0.0, 0.0]
[0.0, 0.0, 0.0, 0.0, 1.0, 1.0, 1.0, 0.0, 0.0, 0.0, 0.0]
[0.0, 0.0, 0.0, 0.0, 1.0, 1.0, 1.0, 0.0, 0.0, 0.0, 0.0]
[0.0, 0.0, 0.0, 0.0, 1.0, 1.0, 1.0, 0.0, 0.0, 0.0, 0.0]
```

通过横向过滤器的卷积提取出横向部分的数据

```
[0.0, 0.0, 0.0, 0.0, 1.0, 1.0, 1.0, 0.0, 0.0, 0.0, 0.0]
[0.0, 0.0, 0.0, 0.0, 0.0, 0.0, 0.0, 0.0, 0.0, 0.0, 0.0]
[0.0, 1.0, 0.0]
[0.0, 1.0, 0.0]
[0.0, 1.0, 0.0]
```

池化结果，提取了纵向特征数据

```
C:¥Users¥odaka¥ndl¥ch5> python cp.py < data2.txt
[0.0, 0.0, 0.0, 0.0, 0.0, 0.0, 0.0, 0.0, 0.0, 0.0, 0.0, 0.0]
[0.0, 0.0, 0.0, 0.0, 0.0, 0.0, 0.0, 0.0, 0.0, 0.0, 0.0, 0.0]
[0.0, 0.0, 0.0, 0.0, 0.0, 0.0, 0.0, 0.0, 0.0, 0.0, 0.0, 0.0]
[0.0, 0.0, 0.0, 0.0, 0.0, 0.0, 0.0, 0.0, 0.0, 0.0, 0.0, 0.0]
[0.0, 0.0, 0.0, 0.0, 0.0, 0.0, 0.0, 0.0, 0.0, 0.0, 0.0, 0.0]
[0.0, 3.0, 3.0, 3.0, 3.0, 3.0, 3.0, 3.0, 3.0, 3.0, 0.0]
[0.0, 0.0, 0.0, 0.0, 0.0, 0.0, 0.0, 0.0, 0.0, 0.0, 0.0, 0.0]
[0.0, 0.0, 0.0, 0.0, 0.0, 0.0, 0.0, 0.0, 0.0, 0.0, 0.0, 0.0]
[0.0, 0.0, 0.0, 0.0, 0.0, 0.0, 0.0, 0.0, 0.0, 0.0, 0.0, 0.0]
[0.0, 0.0, 0.0, 0.0, 0.0, 0.0, 0.0, 0.0, 0.0, 0.0, 0.0, 0.0]
[0.0, 0.0, 0.0, 0.0, 0.0, 0.0, 0.0, 0.0, 0.0, 0.0, 0.0, 0.0]
[0.0, 0.0, 0.0]
[3.0, 3.0, 3.0]
[0.0, 0.0, 0.0]
```

通过横向过滤器的卷积提取出存在横向特征的数据

通过池化，提取了横向特征数据

```
C:¥Users¥odaka¥ndl¥ch5> python cp.py < data3.txt
[0.0, 0.0, 0.0, 0.0, 0.0, 0.0, 0.0, 0.0, 0.0, 0.0, 0.0, 0.0]
[0.0, 1.0, 1.0, 0.0, 0.0, 0.0, 0.0, 0.0, 0.0, 0.0, 0.0, 0.0]
[0.0, 1.0, 1.0, 1.0, 0.0, 0.0, 0.0, 0.0, 0.0, 0.0, 0.0, 0.0]
[0.0, 0.0, 1.0, 1.0, 1.0, 0.0, 0.0, 0.0, 0.0, 0.0, 0.0, 0.0]
[0.0, 0.0, 0.0, 1.0, 1.0, 1.0, 0.0, 0.0, 0.0, 0.0, 0.0, 0.0]
[0.0, 0.0, 0.0, 0.0, 1.0, 1.0, 1.0, 0.0, 0.0, 0.0, 0.0, 0.0]
[0.0, 0.0, 0.0, 0.0, 0.0, 1.0, 1.0, 1.0, 0.0, 0.0, 0.0, 0.0]
[0.0, 0.0, 0.0, 0.0, 0.0, 0.0, 1.0, 1.0, 1.0, 0.0, 0.0, 0.0]
[0.0, 0.0, 0.0, 0.0, 0.0, 0.0, 0.0, 1.0, 1.0, 1.0, 0.0]
[0.0, 0.0, 0.0, 0.0, 0.0, 0.0, 0.0, 0.0, 1.0, 1.0, 0.0]
[0.0, 0.0, 0.0, 0.0, 0.0, 0.0, 0.0, 0.0, 0.0, 0.0, 0.0, 0.0]
[1.0, 1.0, 0.0]
[1.0, 1.0, 1.0]
[0.0, 1.0, 1.0]
```

通过横向过滤器的卷积提取出横向特征的数据

池化结果，清晰地显示出了原始图像的特征（斜线）

```
C:¥Users¥odaka¥ndl¥ch5>
```

5.2.2　卷积神经网络的实现

　　如果将 cp.py 程序进一步扩展后，可以构建具有学习功能的卷积神经网络。在此，用 Python 来编写最简单的卷积神经网络程序。

　　首先，需要设计卷积神经网络的结构。为了便于清晰地展示处理过程的整体框架，在此选择最基础的卷积神经网络。具体来说，是输入两个图像文件，使用卷积层和池化层进行处理，输出前配置了全连接层的网络。卷积神经网络的特点是多层结构，但在此为了简单起见，将其设置为只进行一次卷积和池化处理。

　　上述网络的配置如图 5.11 所示。图 5.11 中的输入数据实际上是两个图像文件。对这些数据使用两种过滤器进行卷积处理，然后对卷积处理结果再进行池化处理。在实际的卷积网络中，这里通常设置为多层处理，但此处直接设置为与负责输出处理的全连接层连接，并且在原来的卷积神经网络中，输出数是分类的类别数，但在这里，全连接层的输出只有 1 个人工神经元。由此，就构成了以两类特征提取器的输出为基础，将输入数据识别为类别 0 或类别 1 的卷积神经网络。

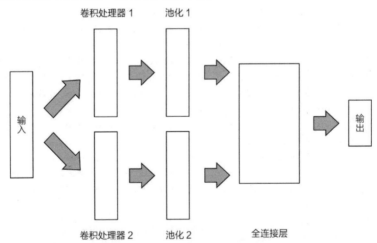

图 5.11　simplecnn.py 程序所实现的卷积神经网络结构

　　接下来，使用一定的学习数据来训练图 5.11 的神经网络。为简单起见，学习对象仅设置为全连接层的权重和阈值，并且使用反向传播作为学习算法。卷积过滤器的权重不作为学习对象，而是通过随机数进行初始化。

　　基于以上思路，可以构建成表示卷积神经网络原理的 simplecnn.py 程序。这个程序的基本结构由两个 5.2.1 小节中的 cp.py 程序和一个 5.2.2 小节中的 bp1.py 程序组合而成。图 5.12 为表示卷积神经网络原理的 simplecnn.py 程序的基本结构（概念图）。

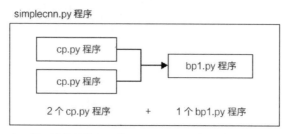

图 5.12　表示卷积神经网络原理的 simplecnn.py 程序的基本结构（概念图）

从图 5.12 中可以看出，simplecnn.py 程序的内部结构是由 cp.py 程序和 bp1.py 程序组合而成的。simplecnn.py 程序的内部结构如图 5.13 所示。

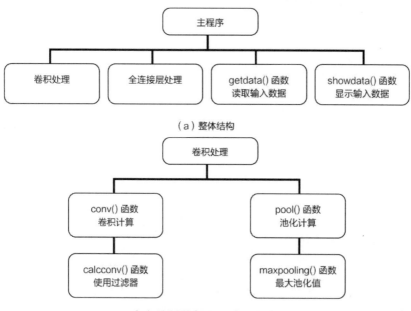

图 5.13　simplecnn.py 程序的内部结构

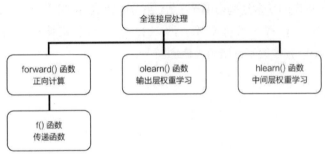

（c）全连接层处理（与 bp1.py 程序对应）

图 5.13　（续）

　　基于以上处理准备，可以构成 simplecnn.py 程序。程序的具体执行如清单 5.2 所示。

清单 5.2　simplecnn.py 程序

```
1   # -*- coding: utf-8 -*-
2   """
3   simplecnn.py 程序
4   卷积神经网络的基本结构演示
5   显示 CNN 的基本结构（框架）
6   操作方法:c:\>python simplecnn.py < data11.txt
7   """
8   # 导入模块
9   import math
10  import sys
11  import random
12
13  # 全局变量
14  INPUTSIZE = 11              # 输入数
15  FILTERSIZE = 3             # 过滤器大小
16  FILTERNO = 2               # 过滤器个数
17  POOLSIZE = 3               # 池化大小
18  POOLOUTSIZE = 3            # 池化输出大小
19  HIDDENNO = 3               # 中间层的随机数
20  ALPHA = 10                 # 学习系数
21  SEED = 65535               # 随机数种子
22  MAXINPUTNO = 100           # 数据个数上限
23  BIGNUM = 100.0             # 误差初始值
24  LIMIT = 0.001              # 误差上限值
25
```

```
26  # 子函数定义
27  # getdata()函数
28  def getdata(e, t):
29      """读取输入数据"""
30      n_of_e = -1                          # 数据集个数
31      # 数据输入
32      for line in sys.stdin:
33          if len(line.split()) == 1:       # 教师数据
34              n_of_e += 1
35              l = 0                        # 将图像的行设置为开头
36              t[n_of_e] = int(line)
37          elif len(line.split()) > 1:      # 图像数据
38              e[n_of_e][l] = [float(num) for num in line.split()]
39              l += 1
40      return n_of_e + 1
41  # getdata()函数结束
42
43  # showdata()函数
44  def showdata(e, t, n_of_e):
45      """显示输入数据"""
46      for no in range(n_of_e):
47          # 显示类别
48          print("N=", no, " category:", t[no])
49          for i in e[no]:
50              print(i)
51      return
52  # showdata()函数结束
53
54  # conv()函数
55  def conv(filter, e, convout):
56      """卷积计算"""
57      startpoint = math.floor(FILTERSIZE / 2)   # 卷积范围下限
58      endpoint = INPUTSIZE - startpoint         # 卷积范围上限
59      for i in range(startpoint, endpoint):
60          for j in range(startpoint, endpoint):
61              convout[i][j] = calcconv(filter, e, i, j)
62      return
63  # conv()函数结束
64
65  # calcconv()函数
66  def calcconv(filter, e, i, j):
67      """使用过滤器"""
```

```
68    r = math.floor(FILTERSIZE / 2)          # 重复范围
69    sum = 0.0
70    for m in range(FILTERSIZE):
71      for n in range(FILTERSIZE):
72        sum += e[i - r + m][j - r + n] * filter[m][n]
73    return sum
74 # calcconv()函数结束
75
76 # pool()函数
77 def pool(convout, poolout):
78    """池化计算"""
79    for i in range(POOLOUTSIZE):
80      for j in range(POOLOUTSIZE):
81        poolout[i][j] = maxpooling(convout, i, j)
82    return
83 # pool()函数结束
84
85 # maxpooling()函数
86 def maxpooling(convout, i, j):
87    """最大池化值"""
88    # 值的设定
89    h = math.floor(POOLSIZE / 2)                    # 池大小的1/2
90    max = convout[i * POOLOUTSIZE + 1+ h][j * POOLOUTSIZE + 1 + h]
91    mstart = POOLOUTSIZE * i + 1                         # m 的初始值
92    mend = POOLOUTSIZE * i + 1 + POOLSIZE - h + 1    # m 的结束值
93    nstart = POOLOUTSIZE * j + 1                         # n 的初始值
94    nend = POOLOUTSIZE * j + 1 + POOLSIZE - h + 1    # n 的结束值
95    # 搜索最大值
96    for m in range(mstart, mend):
97      for n in range(nstart, nend):
98        if max < convout[m][n]:
99          max = convout[m][n]
100    return max
101  # maxpooling()函数结束
102
103 # forward()函数
104 def forward(wh, wo, hi, e):
105    """正向计算"""
106    # hi 计算
107    for i in range(HIDDENNO):
108      u = 0.0
109      jlimit = POOLOUTSIZE * POOLOUTSIZE * FILTERNO
```

```
110     for j in range(jlimit):
111       u += e[j] * wh[i][j]
112     u -= wh[i][jlimit]                # 阈值处理
113     hi[i] = f(u)
114   # 计算输出 o
115   o = 0.0
116   for i in range(HIDDENNO):
117     o += hi[i] * wo[i]
118   o -= wo[HIDDENNO]                    # 阈值处理
119   return f(o)
120 # forward()函数结束
121
122 # olearn()函数
123 def olearn(wo, hi, e, o):
124   """输出层权重学习"""
125   # 误差计算
126   teacherno = POOLOUTSIZE * POOLOUTSIZE * FILTERNO
127   d = (e[teacherno] - o) * o * (1 - o)
128   # 权重学习
129   for i in range(HIDDENNO):
130     wo[i] += ALPHA * hi[i] * d
131   # 阈值学习
132   wo[HIDDENNO] += ALPHA * (-1.0) * d
133   return
134 # olearn()函数结束
135
136 # hlearn()函数
137 def hlearn(wh, wo, hi, e, o):
138   """中间层权重学习"""
139   # 以中间层各单元 j 为对象
140   for j in range(HIDDENNO):
141     teacherno = POOLOUTSIZE * POOLOUTSIZE * FILTERNO
142     dj = hi[j] * (1 - hi[j]) * wo[j] * (e[teacherno] - o) * o * (1 - o)
143     # 第 i 项权重处理
144     for i in range(teacherno):
145       wh[j][i] += ALPHA * e[i] * dj
146     # 阈值学习
147     wh[j][teacherno] += ALPHA * (-1.0) * dj
148   return
149 # hlearn()函数结束
150
151 # f()函数
152 def f(u):
```

深度学习

5

```
153 """传递函数"""
154   # S 型函数计算
155   return 1.0 / (1.0 + math.exp(-u))
156   # f()函数结束
157
158 # 主程序
159 # 随机数初始化
160 random.seed(SEED)
161
162 # 准备变量
163 e = [[[0.0 for i in range(INPUTSIZE)]
164   for j in range(INPUTSIZE)]
165   for k in range(MAXINPUTNO)]            # 输入数据
166 t = [0.0 for i in range(MAXINPUTNO)]     # 监督数据
167 err = BIGNUM                             # 误差评估
168 convout = [[0.0 for i in range(INPUTSIZE)]
169     for j in range(INPUTSIZE)]           # 卷积输出
170 poolout = [[0.0 for i in range(POOLOUTSIZE)]
171     for j in range(POOLOUTSIZE)]         # 输出数据
172 ppf = POOLOUTSIZE * POOLOUTSIZE * FILTERNO    # 使用 ef 初始化
173 ef = [0.0 for i in range(ppf + 1)]       # 向连接层输出数据
174 hi = [0.0 for i in range(HIDDENNO + 1)]  # 中间层输出
175 # 准备过滤器
176 filter = [[[random.uniform(-1, 1) for i in range(FILTERSIZE)]
177     for j in range(FILTERSIZE)]
178     for k in range(FILTERNO)]
179 # 准备全连接层
180 inputnumber = POOLOUTSIZE * POOLOUTSIZE * FILTERNO + 1
181 wh = [[random.uniform(-1, 1) for i in range(inputnumber)]
182   for j in range(HIDDENNO)]              # 中间层权重
183 wo = [random.uniform(-1, 1)
184   for i in range(HIDDENNO + 1)]          # 输出层权重
185
186 # 读取输入数据
187 n_of_e = getdata(e,t)
188 showdata(e, t, n_of_e)
189
190 # 学习
191 count = 0
192 while err > LIMIT:
193   err = 0.0
194   for i in range(n_of_e):                # 每个学习数据重复操作
```

```
195      for j in range(FILTERNO):          # 每个过滤器重复操作
196        # 卷积计算
197        conv(filter[j], e[i], convout)
198        # 池化计算
199        pool(convout, poolout)
200        # 将池化输出复制到全连接层的输入中
201        for m in range(POOLOUTSIZE):
202          for n in range(POOLOUTSIZE):
203            # 全连接层学习数据
204            ps = POOLOUTSIZE * POOLOUTSIZE
205            ef[j * ps + POOLOUTSIZE * m + n] = poolout[m][n]
206            # 监督数据
207            ef[POOLOUTSIZE * POOLOUTSIZE * FILTERNO] = t[i]
208      # 正向计算
209      o = forward(wh, wo, hi, ef)
210      # 调整输出层权重
211      olearn(wo, hi, ef, o)
212      # 调整中间层权重
213      hlearn(wh, wo, hi, ef, o)
214      # 计算误差
215      err += (o - t[i]) * (o - t[i])
216    count += 1
217    # 输出误差
218    print(count, " ", err)
219 # 输出结果
220 print("***Results***")
221 print("Weights")
222 # 输出连接载荷
223 print(wh, wo)
224 # 输出学习数据
225 print("Network output")
226 print("# teacher output")
227 for i in range(n_of_e):
228    for j in range(FILTERNO):                    # 每个过滤器重复操作
229      # 卷积计算
230      conv(filter[j], e[i], convout)
231      # 池化计算
232      pool(convout, poolout)
233      # 将池化层的输出复制到全连接层的输入中
234      for m in range(POOLOUTSIZE):
235        for n in range(POOLOUTSIZE):
236          # 全连接层学习数据
```

```
237          ps = POOLOUTSIZE * POOLOUTSIZE
238          ef[j * ps + POOLOUTSIZE * m + n] = poolout[m][n]
239      # 监督数据
240          ef[POOLOUTSIZE * POOLOUTSIZE * FILTERNO] = t[i]
241  # 计算输出值
242  print(i, " ", t[i], " ", forward(wh, wo, hi, ef))
243 # simplecnn.py 计算
```

　　simplecnn.py 程序的执行情况如执行示例 5.3 所示。在执行示例 5.3
中，将含有纵向成分的输入数据设为类别 1，将含有横向成分的数据设
为类别 0。simplecnn.py 程序获得了这些输入数据的分类知识。

执行示例 5.3　simplecnn.py 程序的执行示例

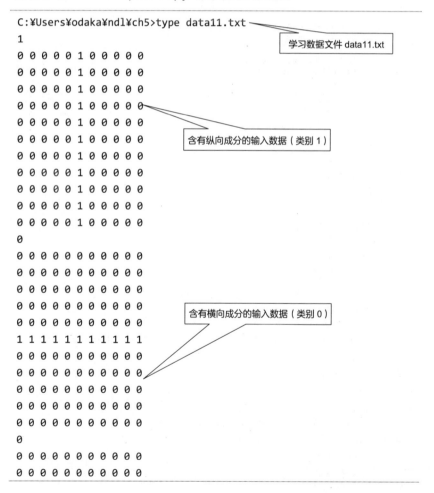

```
C:\Users\odaka\ndl\ch5>type data11.txt          ← 学习数据文件 data11.txt
1
0 0 0 0 0 1 0 0 0 0 0
0 0 0 0 0 1 0 0 0 0 0
0 0 0 0 0 1 0 0 0 0 0
0 0 0 0 0 1 0 0 0 0 0
0 0 0 0 0 1 0 0 0 0 0          含有纵向成分的输入数据（类别 1）
0 0 0 0 0 1 0 0 0 0 0
0 0 0 0 0 1 0 0 0 0 0
0 0 0 0 0 1 0 0 0 0 0
0 0 0 0 0 1 0 0 0 0 0
0 0 0 0 0 1 0 0 0 0 0
0 0 0 0 0 1 0 0 0 0 0
0
0 0 0 0 0 0 0 0 0 0 0
0 0 0 0 0 0 0 0 0 0 0
0 0 0 0 0 0 0 0 0 0 0
0 0 0 0 0 0 0 0 0 0 0
0 0 0 0 0 0 0 0 0 0 0          含有横向成分的输入数据（类别 0）
1 1 1 1 1 1 1 1 1 1 1
0 0 0 0 0 0 0 0 0 0 0
0 0 0 0 0 0 0 0 0 0 0
0 0 0 0 0 0 0 0 0 0 0
0 0 0 0 0 0 0 0 0 0 0
0 0 0 0 0 0 0 0 0 0 0
0
0 0 0 0 0 0 0 0 0 0 0
0 0 0 0 0 0 0 0 0 0 0
```

```
0 0 0 0 0 0 0 0 0 0
0 0 0 0 0 0 0 0 0 0
1 1 1 1 1 1 1 1 1 1
1 1 1 1 1 1 1 1 1 1
1 1 1 1 1 1 1 1 1 1
0 0 0 0 0 0 0 0 0 0
0 0 0 0 0 0 0 0 0 0
0 0 0 0 0 0 0 0 0 0
0 0 0 0 0 0 0 0 0 0
1
0 0 0 0 1 1 1 0 0 0
0 0 0 0 1 1 1 0 0 0
0 0 0 0 1 1 1 0 0 0
0 0 0 0 1 1 1 0 0 0
0 0 0 0 1 1 1 0 0 0
0 0 0 0 1 1 1 0 0 0
0 0 0 0 1 1 1 0 0 0
0 0 0 0 1 1 1 0 0 0
0 0 0 0 1 1 1 0 0 0
0 0 0 0 1 1 1 0 0 0
```

含有横向成分的输入数据（类别 0）

含有纵向成分的输入数据（类别 1）

```
C:\Users\odaka\ndl\ch5>python simplecnn.py < data11.txt
N=0 category:1
[0.0, 0.0, 0.0, 0.0, 0.0, 1.0, 0.0, 0.0, 0.0, 0.0, 0.0]
[0.0, 0.0, 0.0, 0.0, 0.0, 1.0, 0.0, 0.0, 0.0, 0.0, 0.0]
[0.0, 0.0, 0.0, 0.0, 0.0, 1.0, 0.0, 0.0, 0.0, 0.0, 0.0]
[0.0, 0.0, 0.0, 0.0, 0.0, 1.0, 0.0, 0.0, 0.0, 0.0, 0.0]
[0.0, 0.0, 0.0, 0.0, 0.0, 1.0, 0.0, 0.0, 0.0, 0.0, 0.0]
[0.0, 0.0, 0.0, 0.0, 0.0, 1.0, 0.0, 0.0, 0.0, 0.0, 0.0]
[0.0, 0.0, 0.0, 0.0, 0.0, 1.0, 0.0, 0.0, 0.0, 0.0, 0.0]
[0.0, 0.0, 0.0, 0.0, 0.0, 1.0, 0.0, 0.0, 0.0, 0.0, 0.0]
（以下显示输入数据）
```

显示学习过程

```
1 2.026336997067352
2 1.6792315811493723
3 0.9808604328356194
4 0.3049220501058359
5 0.1524351852947871
（以下显示学习过程）
216 0.0010163952081190528
217 0.001011682135240158
```

显示学习过程

```
218 0.0010070122127137746
219 0.0010023848517755375
220 0.000097799474316084
***Results***
Weights            [显示学习结果]
[[-0.20299897629792607, 1.0466591739691902, -0.6301601552366156,
-0.9591614262619895, 0.29781661640502577, -0.1711892432766794,
-0.20831067592468622, 0.9379770373235001, -0.07002667584177114,
0.8286044854488871, -0.48786644441333815, 0.7150872666722775,
1.007413049573744, 1.1780855986609635, 0.549704131576096,
-0.7749822794146839, 0.12935116190305618, 0.5697501664053604,
-0.5624390622756956], [0.3147146616338832, -1.562787582697456,
-0.03260619552586097, -0.08494500868174619, -1.6703921771979175,
-0.869648527099291, -0.16481922330876198, -0.6139918090351302,
-0.6882210225646632, -0.7587370296402048, -1.2244265289057175,
0.4179557741749462, 0.6932239642190244, 1.3686622724098365,
1.1119833149418648, -1.1511605199649004, -1.629086793341323,

-0.3014529700963781, -1.205997186034828], [0.4586986780792994,
0.20131498788669944, -0.1630754884433041, -0.30546836751310846,
-0.130532471361157, -0.9814245343063978, -0.4464110427148602,
-0.005859423970652013, -0.5791564547161874, 0.20708619955126498,
0.8764381862073222, 0.41509811945797925, 0.9620271869422102,
0.056636245526488986, 0.44422029534418933, 0.7043245626716351,
0.5248861786709247, 0.06245073073628195, -0.136319778142003]]
[1.1701252460623295, -8.326940966437505, 1.0560959270912835,
-1.9379249960553078]
Network  output
# teacher output
0   1   0.9835179913264618
1   0   0.014010161939539616         [监督数据与卷积神经网络识别结果的比较]
2   0   0.01610726302597012
3   1   0.9838774264839363

C:\Users\odaka\ndl\ch5>
```

　　图 5.14 显示了执行示例 5.3 时学习过程中误差的推移变化。从图 5.14 可以看出，学习进展相当顺利。

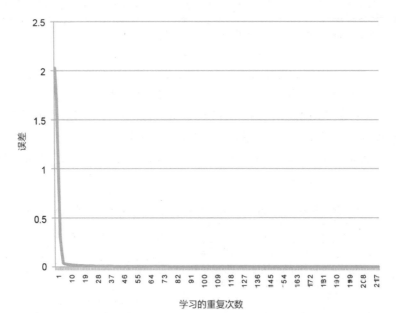

图 5.14　执行示例 5.3 中的误差推移曲线

5.2.3　自编码器的实现

　　本小节用一个程序示例来分析一下如何构建一个 3 层自编码器。如前所述，3 层自编码器是指输入和输出大小相等、中间层较小的分层神经网络。因此，可以通过第 4 章所建的反向传播程序 bp1.py，将其输出层扩展成多个人工神经元，以此来实现自编码器。

　　将输出层扩展成多个人工神经元时，反向传播的计算流程如下。

　　将反向传播的计算流程（输出层的人工神经元为多个的情况）重复以下操作，直到满足一定的结束条件为止。

　　（1）学习数据集中每个数据(x,o)都进行以下计算。

　　（1-1）用 x 计算中间层的输出 h。

　　（1-2）用 h 计算输出层的输出 o。

　　（2）对输出层的第 j 个单元进行以下计算。

$$wo_{ji} \leftarrow wo_{ji} + \alpha \times E \times o_j \times (1-o_j) \times h_{ji}$$

　　（3）对中间层的第 j 个单元进行以下计算。

$$\Delta_j \leftarrow h_j \times (1-h_j) \times w_j \times E \times o_j \times (1-o_j)$$

（4）对中间层的第 j 个单元的第 i 次输入，进行以下计算。

$$w_{ji} \leftarrow w_{ji} + \alpha \times x_i \times \Delta_j$$

上述步骤与输出层为单个人工神经元的情况几乎相同。差别在于输出层的网络结构不同，以及输出层权重更新的部分不同。因此，自编码器程序 ae.py 在形式上与反向传播程序 bp1.py 几乎相同。

自编码器程序 ae.py 与反向传播程序 bp1.py 的不同点（扩展点）如表 5.1 所示。

表 5.1　自编码器程序 ae.py 与反向传播程序 bp1.py 的不同点（扩展点）

项　　目	内　　容	程序编写
输出层人工神经元个数的设定	使用全局变量OUTPUTNO，按照右栏所示方法设定输出层人工神经元的个数	OUTPUTNO = 9 # 输出层人工神经元的个数
存储输出层权重的列表wo[]的二维化	输出层的人工神经元的个数为多个，因此将列表wo[]扩展为二维结构	wo = [random.uniform(-1, 1) for i in range(HIDDENNO + 1)] ↓ wo = [[random.uniform(-1, 1) for i in range(HIDDENNO + 1)] for j in range(OUTPUTNO)]
存储学习数据的列表e[][]的扩展	输出数增加，因此扩展学习数据集中的监督数据存储区域	e = [[0.0 for i in range(INPUTNO + 1)] for j in range(MAXINPUTNO)] ↓ e = [[0.0 for i in range(INPUTNO + OUTPUTNO)] for j in range(MAXINPUTNO)]
将存储输出的变量o扩展为列表o[]	输出个数为OUTPUTNO，因此将存储输出的变量o变更为列表o[]	o = [0.0 for i in range(OUTPUTNO)]
正向计算的复数输出化	输出个数变为复数，正向计算也需要使用forward()函数，因此需要反复调用forward()函数	o = forward(wh, wo, hi, e[j]) ↓ o[k] = forward(wh, wo[k], hi, e[j])
输出层的学习处理的变更	输出层的每个人工神经元，使用olearn()函数进行权重和阈值的学习	olearn(wo, hi, e[j], o) ↓ olearn(wo[k], hi, e[j], o[k], k)

除了表 5.1 所示的变更点之外，还需要对误差评估等相关计算进行若干的变更。

对 bp1.py 程序进行上述更改后，便构成了 ae.py 程序。自编码器程序 ae.py 实际运行情况如清单 5.3 所示。

清单 5.3 ae.py 程序

```
1    # -*- coding: utf-8 -*-
2    """
3    ae.py 程序
4    自编码器
5    输出误差推移以及作为学习结果的连接系数等
6    操作方法: c:\>python ae.py < data.txt
7    """
8    # 导入模块
9    import math
10   import sys
11   import random
12
13   # 全局变量
14   INPUTNO = 9          # 输入层人工神经元的个数
15   HIDDENNO = 3         # 中间层人工神经元的个数
16   OUTPUTNO = 9         # 输出层人工神经元的个数
17   ALPHA = 10           # 学习系数
18   SEED = 65535         # 随机数种子
19   MAXINPUTNO = 100     # 数据个数上限
20   BIGNUM = 100.0       # 误差初始值
21   LIMIT = 0.0001       # 误差上限值
22
23   # 子函数的定义
24   # getdata()函数
25   def getdata(e):
26       """读取学习数据"""
27       n_of_e = 0       # 数据集个数
28       # 数据输入
29       for line in sys.stdin:
30           e[n_of_e] = [float(num) for num in line.split()]
31           n_of_e += 1
32       return n_of_e
33   # getdata()函数结束
34
35   # forward()函数
36   def forward(wh, wo, hi, e):
37       """正向计算"""
38       # hi 的计算
39       for i in range(HIDDENNO):
40           u = 0.0
41           for j in range(INPUTNO):
```

```
42        u += e[j] * wh[i][j]
43      u -= wh[i][INPUTNO] # 阈值处理
44      hi[i] = f(u)
45    # 计算输出 o
46    o = 0.0
47    for i in range(HIDDENNO):
48      o += hi[i] * wo[i]
49    o -= wo[HIDDENNO]      # 阈值处理
50    return f(o)
51  # forward()函数结束
52
53  # f()函数
55  def f(u):
55      """传递函数"""
56    # S 型函数的计算
57    return 1.0 / (1.0 + math.exp(-u))
58  # f()函数结束
59
60  # olearn()函数
61  def olearn(wo, hi, e, o, k):
62      """输出层权重学习"""
63    # 计算误差
64    d = (e[INPUTNO + k] - o) * o * (1 - o)
65    # 权重学习
66    for i in range(HIDDENNO):
67      wo[i] += ALPHA * hi[i] * d
68    # 阈值学习
69    wo[HIDDENNO] += ALPHA * (-1.0) * d
70    return
71  # olearn()函数结束
72
73  # hlearn()函数
74  def hlearn(wh, wo, hi, e, o, k):
75      """中间层权重学习"""
76    # 以中间层各 j 为对象
77    for j in range(HIDDENNO):
78      dj = hi[j] * (1 - hi[j]) * wo[j] * (e[INPUTNO + k] - o) * o * (1 - o)
79      # 第 i 个权重处理
80      for i in range(INPUTNO):
81        wh[j][i] += ALPHA * e[i] * dj
82      # 阈值学习
83      wh[j][INPUTNO] += ALPHA * (-1.0) * dj
84    return
```

```
85  # hlearn()函数结束
86
87  # 主程序
88  # 随机数初始化
89  random.seed(SEED)
90
91  # 准备变量
92  wh = [[random.uniform(-1, 1) for i in range(INPUTNO + 1)]
93    for j in range(HIDDENNO)]                   # 中间层权重
94  wo = [[random.uniform(-1, 1) for i in range(HIDDENNO + 1)]
95    for j in range(OUTPUTNO)]                   # 输出层权重
96  e = [[0.0 for i in range(INPUTNO + OUTPUTNO)]
97    for j in range(MAXINPUTNO)]                 # 学习数据集
98  hi = [0.0 for i in range(HIDDENNO + 1)]       # 中间层输出
99  o = [0.0 for i in range(OUTPUTNO)]            # 输出
100 err = BIGNUM                                  # 误差评估
101
102 # 输出连接载荷初始值
103 print(wh, wo)
104
105 # 读取学习数据
106 n_of_e = getdata(e)
107 print("学习数据个数:", n_of_e)
108
109 # 学习
110 count = 0
111 while err > LIMIT:
112   # 应用于多个输出层
113   for k in range(OUTPUTNO):
114     err = 0.0
115     for j in range(n_of_e):
116       # 正向计算
117       o[k] = forward(wh, wo[k], hi, e[j])
118       # 调整输出层权重
119       olearn(wo[k], hi, e[j], o[k], k)
120       # 调整中间层权重
121       hlearn(wh, wo[k], hi, e[j], o[k], k)
122       # 误差计算
123       teacherno = INPUTNO + k
124       err += (o[k] - e[j][teacherno]) * (o[k] - e[j][teacherno])
125     count += 1
126     # 输出误差
127     print(count, " ", err)
```

```
128 # 输出连接载荷
129 print(wh, wo)
130
131 # 输出学习数据
132 for i in range(n_of_e):
133   print(i)
134   print(e[i])
135   outputlist = []
136   for j in range(OUTPUTNO):
137   outputlist.append(forward(wh, wo[j], hi, e[i]))
138   print(['{:.3f}'.format(num) for num in outputlist])
139 # ae.py 结束
```

在清单 5.3 所示的 ae.py 程序中，输入层和输出层的人工神经元个数设置为 9，中间层的人工神经元个数设置为 3。这些值是通过第 14 ~ 16 行的全局变量来定义的。

```
14  INPUTNO = 9        # 输入层人工神经元个数
15  HIDDENNO = 3       # 中间层人工神经元个数
16  OUTPUTNO = 9       # 输出层人工神经元个数
```

提供给 ae.py 程序的学习数据由 9 个输入数据和 9 个监督数据，共 18 个数值组成。在此，由于将神经网络作为自编码器来处理，因此输入数据和监督数据使用的是相同的数据。

ae.py 程序的学习数据示例如执行示例 5.4 所示。在执行示例 5.4 中显示了学习数据集 aedata1.txt 中的 6 组学习数据。

执行示例 5.4　提供给 ae.py 程序的学习数据示例

```
C:\Users\odaka\ndl\ch5>type aedata1.txt
0 0 1 0 0 1 0 0 1 0 0 1 0 0 1 0 0 1
0 1 0 0 1 0 0 1 0 0 1 0 0 1 0 0 1 0
1 0 0 1 0 0 1 0 0 1 0 0 1 0 0 1 0 0
0 0 0 0 0 0 0 0 0 0 0 0 0 0 0 0 0 0
0 0 0 1 1 1 0 0 0 0 0 0 1 1 1 0 0 0
1 1 1 0 0 0 0 0 0 1 1 1 0 0 0 0 0 0
```

6 组学习数据（将 9 个输入数据和 9 个监督数据，共 18 个数值作为一组）

```
C:\Users\odaka\ndl\ch5>
```

ae.py 程序的实际运行情况如执行示例 5.5 所示。在执行示例 5.5 中，给出了执行示例 5.4 所示的学习数据 aedata1.txt，并用此来训练自编码器。

执行示例 5.5　ae.py 程序的执行示例

```
C:\Users\odaka\ndl\ch5>python ae.py < aedata1.txt
[[-0.925906767990863, 0.688672770156115, -0.11911403043792945,
-0.7491565189152196, 0.8469865864702797, -0.16326242750044173,
-0.7761904998208176, -0.365953145559027, -0.0959230259709527,
-0.2929600721894223],
```
（以下持续输出连接载荷初始值）
```
[-0.1630754884433041, -0.24475555258088622, -0.2702441985687922,
-0.9207117193741754], [-0.446411042714862, -0.2062839661105098,
-0.5791564547161874, 0.035035336377919224]]
```
学习数据个数：6
```
1 2.6871517375872407
2 1.9600835985591862
3 2.249301653091508
4 2.087547439227253
5 2.135609458589679
6 2.7430640922001106
7 0.962493774106992
```
学习过程中误差的推移

（以下持续输出学习误差）
```
66081 0.00013323754774432388
66082 0.0001143574790956734
66083 6.079253966909624e-05
66084 0.0001357453617870937
66085 6.826668730751709e-05
66086 4.661758630526903e-05
66087 9.999688049835311e-05
```
学习结束

```
 [[-5.57381944266514, 0.37036133387980236, 0.414096298183968,
-1.3611735919217383, 4.564570751861821, 4.405843502788699,
-3.1330177061883613, 1.6068208864714664, 2.728372770957478,
0.4311340381039283],
```
（以下，持续输出连接载荷的学习结果）
```
099817788632, -3.2064704690836012, -11.309483676736757,
2.6600942522484297], [7.584608818995001, 10.385870417595969,
2.971317092659677, 15.866516814440581]]
0
```
监督数据与自编码器输出的比较

```
[0.0, 0.0, 1.0, 0.0, 0.0, 1.0, 0.0, 0.0, 1.0, 0.0, 0.0, 1.0, 0.0,
0.0, 1.0, 0.0, 0.0, 1.0]
['0.000', '0.002', '0.994', '0.000', '0.004', '0.994', '0.000',
'0.000', '0.994']
1
[0.0, 1.0, 0.0, 0.0, 1.0, 0.0, 0.0, 1.0, 0.0, 0.0, 1.0, 0.0, 0.0,
1.0, 0.0, 0.0, 1.0, 0.0]
['0.002', '0.996', '0.003', '0.003', '1.000', '0.004', '0.001',
'0.995', '0.001']
2
```

```
[1.0, 0.0, 0.0, 1.0, 0.0, 0.0, 1.0, 0.0, 0.0, 1.0, 0.0, 0.0, 1.0,
0.0, 0.0, 1.0, 0.0, 0.0]
['0.993', '0.002', '0.000', '0.994', '0.004', '0.000', '0.994',
'0.000', '0.000']
3
[0.0, 0.0, 0.0, 0.0, 0.0, 0.0, 0.0, 0.0, 0.0, 0.0, 0.0, 0.0, 0.0,
0.0, 0.0, 0.0, 0.0, 0.0]
['0.007', '0.005', '0.008', '0.007', '0.001', '0.008', '0.005',
'0.000', '0.004']
4
[0.0, 0.0, 0.0, 1.0, 1.0, 1.0, 0.0, 0.0, 0.0, 0.0, 0.0, 0.0, 1.0,
1.0, 1.0, 0.0, 0.0, 0.0]
['0.000', '0.000', '0.000', '0.995', '0.995', '0.995', '0.002',
'0.004', '0.005']
5
[1.0, 1.0, 1.0, 0.0, 0.0, 0.0, 0.0, 0.0, 0.0, 1.0, 1.0, 1.0, 0.0,
0.0, 0.0, 0.0, 0.0, 0.0]
['0.996', '0.996', '0.996', '0.000', '0.000', '0.000', '0.002',
'0.003', '0.004']
C:¥Users¥odaka¥ndl¥ch5>
```

执行示例 5.5 的运行结果中，自编码器的输出可以汇总成表，具体如图 5.15 所示。在图 5.15 中，9 个输入和 9 个输出数据以 3 × 3 的表格汇总表示，可以确认通过 ae.py 程序系统已获得了使输入和输出几乎相等的自编码器功能。

监督数据

0	0	1
0	0	1
0	0	1

▶

自编码器的输出

0.000	0.002	0.994
0.000	0.004	0.994
0.000	0.000	0.994

（a）第 0 号学习数据

监督数据

1	0	0
1	0	0
1	0	0

▶

自编码器的输出

0.993	0.002	0.000
0.994	0.004	0.000
0.994	0:000	0.000

（b）第 2 号学习数据

监督数据

0	0	0
1	1	1
0	0	0

▶

自编码器的输出

0.000	0.000	0.000
0.995	0.995	0.995
0.002	0.004	0.005

（c）第 4 号学习数据

图 5.15　ae.py 程序的学习结果（部分）

生成行李重量和价值的程序

kpdatagen.py

与 3.2 节中的清单 3.2 相对应，生成行李重量和价值的程序 kpdatagen.py 的源代码如清单 A 所示。

清单 A kpdatagen.py 程序

```
1  # -*- coding: utf-8 -*-
2  """
3  kpdatagen.py 程序
4  背包问题的数据生成器
5  用随机数生成行李的重量和价值
6  操作方法: c:\>python kpdatagen.py > data.txt
7  """
8  # 导入模块
9  import random
10
11 # 全局变量
12 MAXVALUE = 100          # 重量和价值的最大值
13 N = 30                  # 行李件数
14 SEED = 32767            # 随机数种子
15
16 # 主程序
17 for i in range(N):
18   print(random.randint(0, MAXVALUE + 1),
19     " ", random.randint(0, MAXVALUE + 1))
20 # kpdatagen.py 结束
```

机器学习与深度学习（基于 Python 实现）

全局搜索解决背包问题的程序

direct.py

与 3.2 节中的程序示例相对应，通过全局搜索解决背包问题的 direct.py 程序的源代码如清单 B 所示。另外，如本书第 3 章所述，direct.py 程序的执行大约需要数小时。程序结束为止所需的时间，拥有 Corei7-6700@3.40GHz 配置计算机为 2h 左右，拥有 Corei5M560@2.67GHz 配置计算机为 4h 左右。

清单 B　direct.py 程序

```
1  # -*- coding: utf-8 -*-
2  """
3  direct.py 程序
4  全局搜索解背包问题
5  操作方法: c:\>python direct.py < data.txt
6  """
7  # 导入模块
8  import math
9  import copy
10
11 # 全局变量
12 MAXVALUE = 100                    # 重量和价值的最大值
13 N = 30                            # 行李件数
14 WEIGHTLIMIT = N * MAXVALUE / 4    # 重量限制
15 SEED = 32767                      # 随机数种子
16
17 # 子函数的定义
18 # initparcel()函数
19 def initparcel(percel):
20   """行李的初始化"""
21   i = 0
22   while i < N:
23     try:
24       line = input()
25     except EOFError:
26       break # 输入结束
27     parcel[i] = [int(num) for num in line.split()]
28     i += 1
29   return
30 # initparcel()函数结束
31
32 # solve()函数
33 def solve(parcel):
34   """搜索内容"""
```

```
35    maxvalue = 0                          # 适应度最大值
36    # 设置搜索范围
37    limit = pow(2, N)
38    # 搜索解
39    for i in range(limit):
40        # 适应度值的计算
41        value = calcval(parcel, i)
42        # 最大值更新
43        if value > maxvalue:
44            maxvalue = value
45            solution = i
46            print("*** maxvalue", maxvalue)
47    return solution
48 # solve()函数结束
49
50 # calcval()函数
51 def calcval(parcel, i):
52     """适应度值的计算"""
53     value = 0                             # 适应度值
54     weight = 0                            # 重量
55     # 确认各基因座，计算重量和适应度值
56     for pos in range(N):
57         weight += parcel[pos][0] * ((i >> pos) & 0b1)
58         if weight >= WEIGHTLIMIT:         # 致死因子
59             break
60     # 致死因子处理
61     if weight >= WEIGHTLIMIT:
62         value = 0
63     else:
64         for pos in range(N):
65             value += parcel[pos][1] * ((i >> pos) & 0b1)
66     return value
67 # calcval()函数结束
68
69 # 主程序
70 parcel = [[0 for i in range(2)]
71         for j in range(N)]              # 行李
72
73 # 行李初始化
74 initparcel(parcel)
75
76 # 搜索内容
77 solution = solve(parcel)
```

```
78
79 # 输出解
80 print(format(solution, '030b'))
81 # direct.py 结束
```

参 考 文 献

为了方便读者更深入地学习本书所涉及的内容，下面将相关文献整理如下。

1. 深層学習全般について

[1]　人工知能学会 (監修)、神嶌 敏弘 (編)、深層学習、近代科学社、2015.

[2]　伊庭 斉志、進化計算と深層学習―創発する知能―、オーム社、2015.

[3]　岡谷 貴之、深層学習、講談社、2015.

2. 深層学習の研究論文

①DQNに関する論文

[1]　Volodymyr Mnih 他, Human-level control through deep reinforcement learning, Nature, Vol.518, pp.529-533, 2015.

②CNNによる画像認識を扱った論文

[2]　Karen Simonyan and Andrew Zisserman, VERY DEEP CONVOLUTIONAL NETWORKS FOR LARGE-SCALE IMAGE RECOGNITION, ICLR 2015, 2015.

③音声認識に深層学習を用いた初期の研究

[3]　Frank Seide, Gang Li, Dong Yu., Conversational Speech Transcription Using Context-Dependent Deep Neural Networks, INTERSPEECH 2011, pp.437-440, 2011.

④AlphaGo Zeroに関する論文

[4]　David Silver 他, Mastering the game of Go without human knowledge, Nature, Vol.550, pp.354-359, 2017.

3. 機械学習の歴史について

①いわゆるチューリングテストと機械学習のアイデアに関する論文

[1]　A.M Turing, COMPUTING MACHINERY AND INTELLIGENCE, MIND, Vol.LIX, No. 236, 1950.

②下記URLで参照することができる、ダートマス会議の企画書

http://www-formal.stanford.edu/jmc/history/dartmouth/dartmouth.html

[2]　J. McCarthy, M.L. Minsky, C.E. Shannon., A PROPOSAL FOR THE DARTMOUTH SUMMER RESEARCH PROJECT ON ARTIFICIAL INTELLIGENCE, 1955.

③パーセプトロンの数理的性質を示した書籍

[3]　ミンスキー、パパート（著）、中野 馨、阪口 豊（訳）、パーセプトロン、パーソナルメディア、1993.

④現在、畳み込みニューラルネットとして知られている形式のニューラルネットの原型となる、ネオコグニトロンに関する論文

[4]　福島 邦彦、位置ずれに影響されないパターン認識機構の神経回路モデル―ネオコグニトロン―、電子情報通信学会論文誌 A、Vol.J62-A、No.10、pp.658-665、1979.